宇宙船地球号はいま

ネットワーク『地球村』代表
高木善之

まえがき

私たち人間は、地球に暮らす生物の一種に過ぎない。

他の生物は地球を破壊せず、他の生物と仲良く暮らしてきたが、人間はさまざまな形で地球を破壊し、他の生物を滅ぼし始めた。

そのことさえ自覚せずに破壊を続けている。

環境破壊や地球温暖化、異常気象などのニュースを聞き流し、ニュースで知る現実と日々の自分の現実と、どっちが本当の現実かさえわからなくなっているのではないだろうか。

社会という空間の中の、会社という建物の中で、マネーゲームで得たお金で生活をしているのは仮想現実なのだ。しかし、そのマネーゲームや生活が引き起こした環境破壊、経済格差、戦争こそ、まぎれもないリアルな現実なのだ。

リアルな現実をリアルに理解し体験するために、宇宙船地球号に乗ってみよう。

宇宙船地球号には２０００万種の生き物たちが乗っている。人類もその一員だ。

46億年の宇宙の旅の中で、人類の登場はほんの数十万年前。

しかし人類はいま、狂ったように天井に穴をあけ、床に穴をあけ、大気に有害物質をばらまき、水を汚し、生命維持装置を破壊し始めた。

このままでは、宇宙船地球号はどうなっていくのだろう。


温暖化や異常気象は？

大地震や原発事故の大惨事は？

子どもたちに十分な食べ物や、きれいな水や空気はあるのだろうか？

子どもたちに未来はあるのだろうか？


未来は、「未定」ではあるが「不明」ではない。

私たちが選べるし、決められるのだ。

過去の選択が現在を実現したように、今からの選択が未来を実現するのだ。

明るい未来の実現のために、まずは現実を知ることから始めよう。

さあ、宇宙船地球号の旅の始まり。

目次

第一章　人類の歩み

宇宙船地球号には２０００万種の乗組員がいる。いやもっとたくさんの乗組員がいるかもしれない。宇宙船地球号には、それくらいたくさんの乗組員がいることは確かだし、私たち人間もその一員に過ぎないということも確かだ。

その私たちが、いつ現れ、いま何をしているかを一緒に見てみよう。

1. 人類の誕生と歴史

●人類の誕生

人類の歴史は、二足歩行から始まったとされる。

二足歩行によって手が使えるようになり、道具が使えるようになった。

手を使うことで脳が刺激され、脳が大きくなった。
重くなった頭を支えるために、二足歩行が上手になった。

●人類の歴史

・猿　人　600万年前～150万年前　（アウストラロピテクス、ホモ・ハビリス）
・原　人　200万年前～40万年前　（ホモ・エレクトス、ピテカントロプス）
・旧　人　60万年前～10万年前　（ネアンデルタール人）
・新　人　20万年前～数年前　（クロマニヨン人、前期ホモ・サピエンス）
・現代人　10万年前～現在　（新ホモ・サピエンス）

★脳の大きさと生存期間

・チンパンジー、ゴリラ　４００cc以下　現存している（１０００万年以上）
・猿人　５００～８００cc　３５０万年間
・原人　８００～１０００cc　１６０万年間

・旧人　１０００～１４００cc　※５０万年間
・新人　１２００cc　２０万年間
・現代人　１２００cc　１０万年間？

※ネアンデルタール人は頭がい骨の形から前頭葉が小さかった。

以上を見ると、脳が発達するにしたがって生存期間が半減しているので、この流れからは、現代人の生存期間は10万年となる。現代人が出現したのは10万年前だから、私たちは絶滅目前なのかもしれない。

★脳が大きいほど賢いのか

私たちはこれまで、「脳が大きいほど賢い」と考えてきたが、実際はどうだろう。
36億年生き続けている単細胞には脳細胞はない。
6億年生き続けているミミズにも脳細胞はない。
4億年生き続けているゴキブリの脳は数ミリグラム。
1億年生き続けているネズミの脳は1.5グラム。

長く繁栄するには大きな脳は必要ないのだ。

人間はすでに環境破壊、核兵器など絶滅の危機をたくさん作り出した。

本当に賢いならば、そんなことはしないはずだ。

人類は単細胞生物やゴキブリやネズミより賢いと言えるだろうか。

●人類はなぜ滅びるのか

生物の生存には3つの条件がある。

それは、①食物の確保、②敵から逃げること、③環境に適応すること。

これができなければ絶滅する。

動物は縄張り争いをするが、相手を滅ぼすことはない。

動物は共存共栄しているが、人類はそれが苦手のようだ。

それはおそらく脳が大きくなったためだろう。大きな脳を共存共栄に使えばよかったのだが、「自分のため」だけに使うことで、大きな問題を起こしているのだ。

2. 人類のチャレンジ

●農耕

人間も初めは他の動物と同じように「狩猟と採集」によって生きていた。

数万年前に農耕が始まった。

農耕は「文明への第一歩」とされているが、文明とは不自然なことだから、農耕は「不自然への第一歩」だった。生活は一変した。

・移住から定住に変わる
・定住には住居が必要になり、農耕には道具が必要になる
・住居、道具、食糧の保存などから、「自分のもの」という「所有」が生まれる
※「所有」は将来、大きな問題を生む種となる。

土地や自然環境の制約で食糧が一定量であれば人口は一定となる。

人口が数十名までならば、集落はこのまま維持が可能だが、人口が数十人の規模を大き

く超えると次の段階に移行する。

●文明

①食糧が増産できると人口が増える
②人口が増えると食糧の増産が必要となる
③さらなる食糧増産には森林の伐採や開墾が必要となる
①②③で食糧増産、人口増大を繰り返し、文明が発達していく。
悪循環に気づき食糧増産をやめるか、大きな脳を使って食糧増産を続けるかで運命は変わる。

★文明は滅亡する

もし食糧増産を続けるなら、不自然に向かって突き進むことになる。
・増産のためには土地の開墾、土地の管理、農作業の効率化、分業
・食糧の備蓄、それを守るための小規模な武器、軍隊が作られる

・食糧の管理、分配をする者に権限が与えられ支配が始まる
・人口が増えると組織、階級が生まれ、秩序や罰則が作られる
・人口が増えれば増えるほど、組織や支配が強大になる
・権力が強大になり強大な武器、軍隊が生まれる
・内部では権力闘争、外部に対しては戦争が始まる
・一方、農地の拡大は森林破壊、環境破壊、砂漠化が起こる

こうして、すべての巨大文明は砂漠化と戦争によって滅びた。

「文明＝不自然」であり、「巨大文明＝巨大な不自然」だから必ず滅亡する。

★文明人と野蛮人、どっちが野蛮

私たちは、「文明の中に暮らす自分たちが文明人、自然の中に暮らす人々が野蛮人」だと教えられてきたが、環境破壊や戦争をする私たちと、自然の中で穏やかに暮らす人たちと、どっちが野蛮人だろう。

「文明人」が野蛮人で、「野蛮人」が文明人であることは明らかだ。

教えられたことと事実は真逆だ。

●産業革命

２００年前、人類はさらに大きな不自然へのチャレンジを始めた。

それが産業革命だ。

化石燃料からエネルギーを取り出す方法を発見し、人間のパワーは巨大化した。

１００倍の資源を消費し、１００倍のエネルギー消費をし、生活は１００倍豊かになったが、不自然はますます大きくなった。環境破壊も１００倍になった。（図表１）

●資本主義

先進国は蒸気機関、蒸気船が発明され海外進出がより盛んになり、植民地からの略奪や大規模な貿易によって、多くの資源、商品を獲得して豊かになった。

その時、大きな脳を使って「みんなが幸せな社会を実現しよう」と考えればよかったが、大きな脳で「個人の利益」を追求したのだ。

さらに、それを社会の基本、経済の基本にしようと、もくろんだのだ。

その結果、巨大な富（資本）を持つ者を資本家と呼び、資本がすべてを決定する社会（資本主義社会）を発明した。

資本主義とは、「資本が社会の基本原理となり、利潤や余剰価値を生んで資本が大きくなることを目的とした経済システム」なのだ。

その結果、社会全体の目的が「お金を求める」ことになり、多くの問題を引き起こすことになる。

★帝国主義、軍国主義

豊かになるためには、周りから奪う、弱い者から奪う、領土を奪うことになり、そのために武力を強化することになる。それが帝国主義、軍国主

図表1　世界のエネルギー消費は100倍に

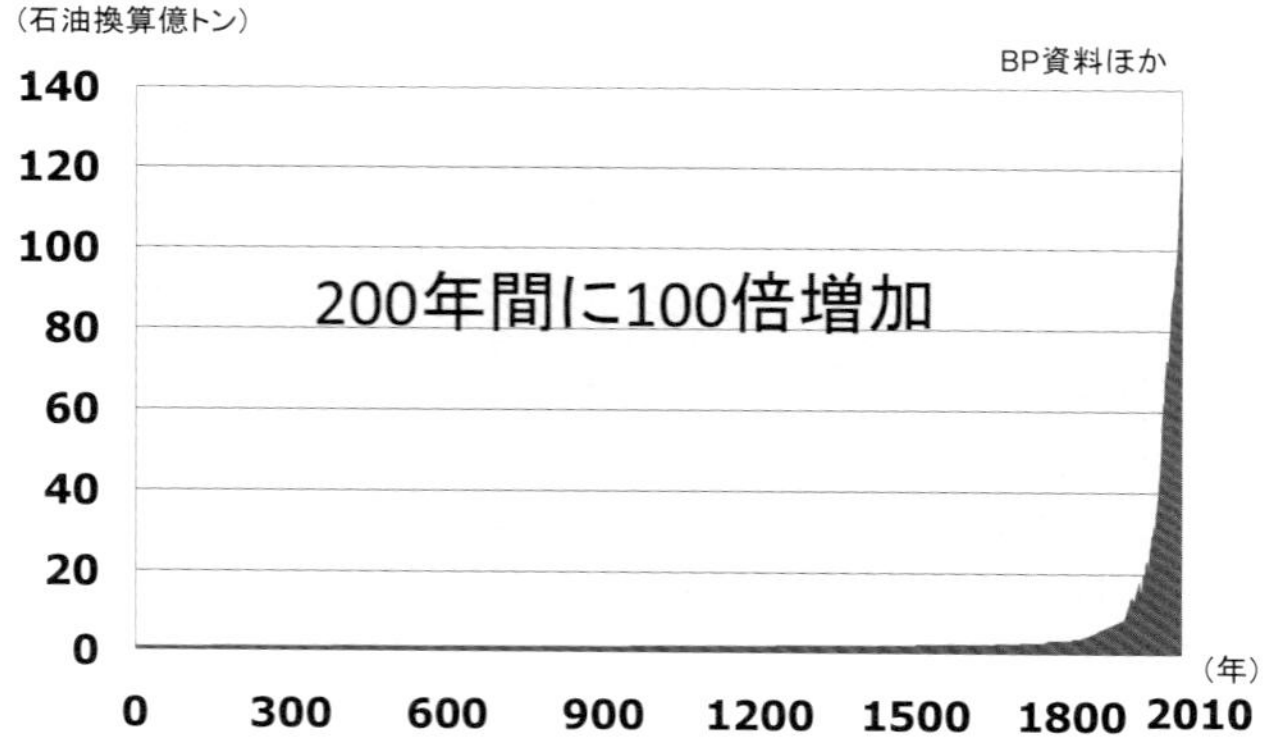

義なのだ。
日本も明治以降、帝国主義に突入し、戦争に突入する。
資本主義は国の利益、資本家の利益を最優先するから、必ず戦争に突入する。

★貧富の格差

資本主義は資本が利益を生むから、「豊かな者はより豊かに、貧しい者はより貧しく」ということになる。国際間では先進国が武力によって途上国と取引を始める。

先進国は武力を背景に、原料を安く買って完成品を高く売り、途上国は原料を安く売って完成品を高く買うことになるから、「先進国はより豊かに、途上国はより貧しく」なり格差が広がっていく。

★環境破壊

資本主義は企業の利益を追求するから、「大量生産、大量消費、大量廃棄」になり、必ず公害、資源の枯渇、環境破壊、大気汚染、環境汚染という問題が起こる。

第二章　身近な問題

宇宙船地球号の新参者の人間は、わずかのあいだに我が物顔で勝手な生活を始めた。宇宙船内のルールを無視し、先輩の乗組員を押しのけ、勝手気ままに生活圏を広げていった。その傍若無人ぶりを眺めてみよう。

1. ごみ問題

●日本の現状

各国のごみ焼却場の数は図表2の通り。日本の焼却場は突出して多い。

1人当たりのごみの量は環境先進国の10倍だ。原因は使い捨て、過剰包装だが、販売方法にも大きな問題がある。ほとんどがパック売りになっているし、小さな菓子類まで個別包装になっている。

しかし最大の理由は、ごみ処理が無料であり、ごみに法規制がないことだ。

元を正せば、日本は長年「経済優先」を続けた結果、環境に対する法整備、環境教育が遅れて市民も政治家も環境意識が低いことだ。

●ごみ処理のコスト

焼却場の建設は１基５００億円。運転費（燃料、人件費、維持費）は年間30億円かかる。ごみ焼却場の寿命は15年だから、１人当たり月１万円の税金が使われていることになる。ごみ処理は決して無料ではないのだ。

環境先進国ではごみ処理は有料で、その価格も

図表2　各国の焼却場の数

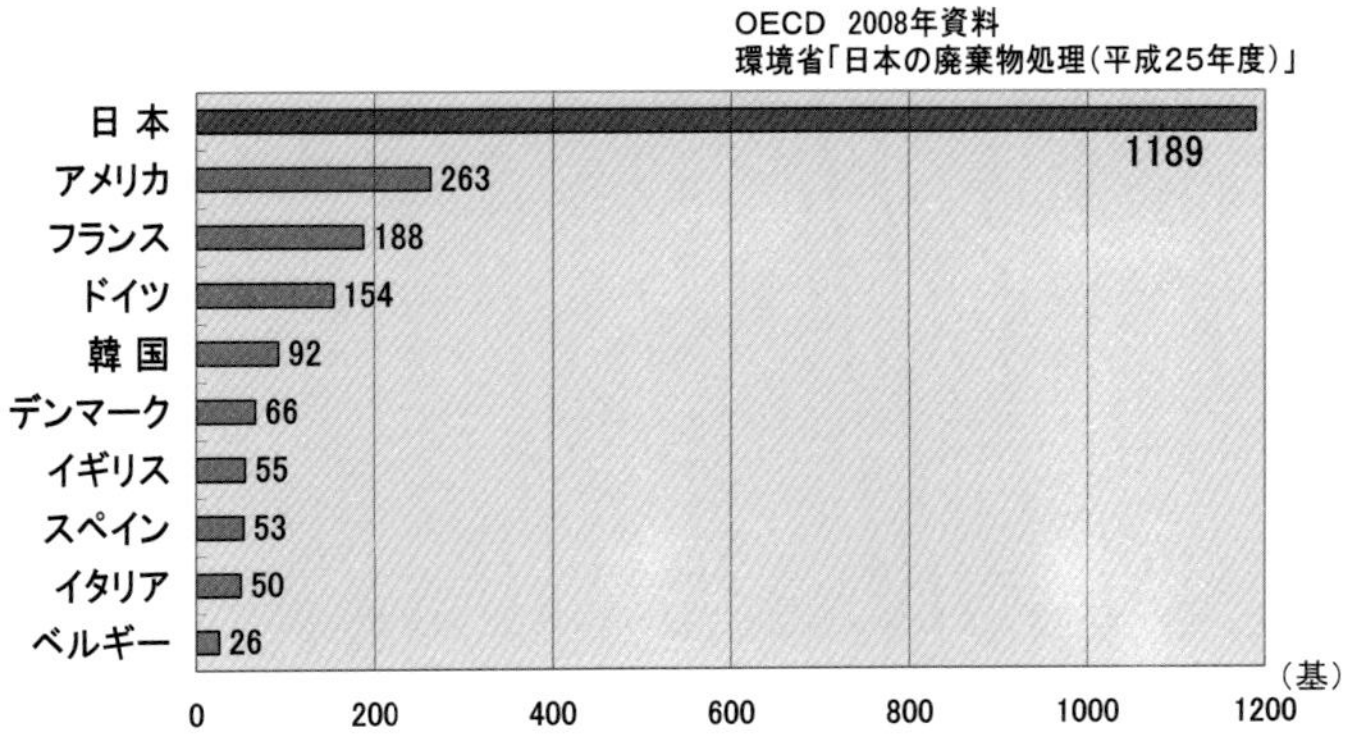

かなり高額だ。

ドイツの家庭では、日本の平均的なごみの量（１日１キロ）なら月１万円以上かかるから、市民はごみ削減に大いに努力をする。

環境先進国では、企業もごみや廃棄物には高額の費用がかかるから廃棄物削減に真剣に取り組み、ごみの分別、再資源化が非常に進んでいる。

※欧州諸国のごみ削減ルール「４Ｒ」は有名。
Refuse（作らない）、Reduce（減らす）、Reuse（再使用）、Recycle（再資源化）

●環境先進国では

ごみ処理は有料で高額だから、客は包装の少ないものを買い、包装の多いものは買わないか、買ったとしても、包装ごみは店のごみ箱に捨てて帰る。

そのごみは店の責任（有料、高額）だから、店は包装の少ないものを仕入れ、包装の多いものは仕入れない。仕入れたとしても、包装ごみは仕入れ先に返送する。

そのごみは企業責任だから、企業もごみが少なくなるように工夫する。

ビンもペットボトルも企業ごとに、中身ごとに形を変える必要はないから、業界全体で規格を決めて共通品（リターナブル・ボトル）を作り、何度も再使用できるようにした。

※ドイツのペットボトルは厚くて丈夫で30回使っている。

●日本の課題

日本は、「企業責任、製造者責任」が弱いから、ビン、ペットボトル、空き缶、紙パックは1回で使い捨て。リサイクルは、回収後再び溶かして作り直すことだが、リサイクルよりも再使用の方がはるかに省エネとなる。

以前は一升瓶や牛乳瓶は再使用が当たり前だったが、いまはほとんど紙パックなど再使用できないものに変わってしまった。

日本も環境先進国のように、製造責任や企業責任、市民のごみの有料化（ドイツと同じくらいに）をすれば、ごみの量は大幅に減る。

本気で政策の転換と、費用負担による意識転換が必要だ。

2. 食糧問題

●賞味期限

日本のごみの中には廃棄食料が多いが、その原因の一つは賞味期限だ。

「賞味期限を過ぎると買ってはいけない、売ってはいけない、食べてはいけない」と思っている人が多い。

賞味期限はメーカーの推奨期間であって、法的にはなんの意味もない。

それなのに販売側は、賞味期限が来れば食べられるものを捨てている。

日本では食料全体の30％が廃棄されている。（図表3）

図表3　日本の廃棄食料

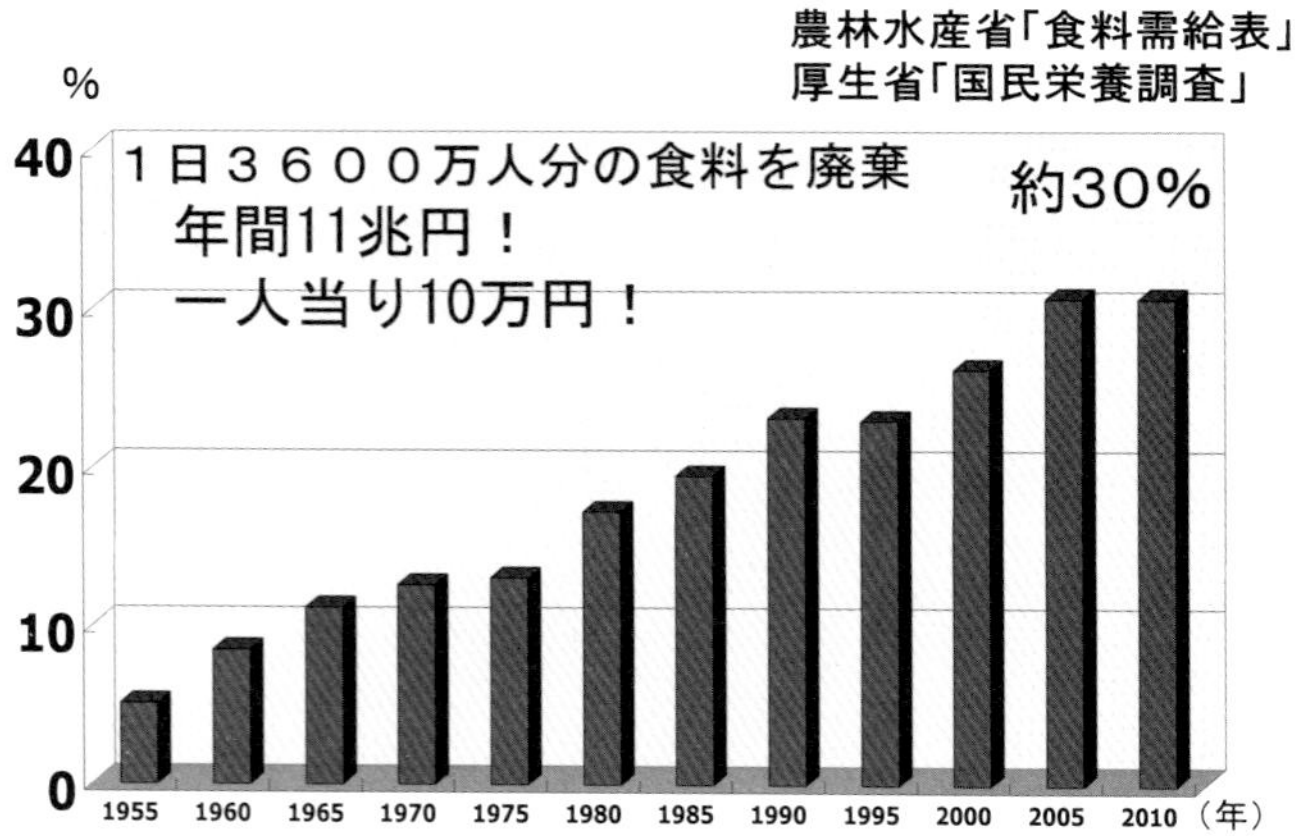

農林水産省「食料需給表」
厚生省「国民栄養調査」

廃棄されている食料のコストは、最終的には消費者の負担となっている。

法的に意味のある「消費期限」は必要としても、「賞味期限」は廃止したい。

●食糧自給率

日本の穀物自給率26％、カロリー自給率39％、いずれも突出して低い。（図表4）

最大の原因は、長年の農業政策の失敗だ。

日本は経済優先を続け、工業を優先し、農業を犠牲にした。農地を工業用地にし、食事の西洋化を推進した。その結果、パン食（小麦）、肉食が進み、米や野菜の消費が減り、価格維持のために減反政策を進めた。その結果、日本の農作物の値段は高くなり、労働人口は減り高齢化が進んだ。

ドイツなど欧州諸国は、日本の「価格低下しないための減反」と正反対の農業政策をし

図表4　食料の自給率

穀物・カロリー自給率		
オーストラリア	241%	187%
フランス	174%	121%
アメリカ	125%	130%
ドイツ	124%	93%
インド	104%	？？
中国	103%	？？
北朝鮮	77%	？？
日本	26%	39%

農水省「食料需給表（平成24年度版）」他

た。つまり、価格が下がっても競争力をつけるための「増反政策」をし、「自給自足」と「輸出」をめざした。そしてそれが成功した。

日本はいまだに政策転換ができない。

ＴＰＰがスタートすれば、さらに大きな打撃を受ける。

●TPP（環太平洋経済協定、Trans-Pacific Partnership）

ひとことで言えば、「関税をゼロにして自由貿易を拡大する」ためのものだ。

関税とは国による物価や人件費の差を調整するためのものだから、それがなくなると外国の安いものが大量に入ってきて国内のものが売れなくなり大打撃を受ける。

特に農業は高い関税率（米は７７８％、小豆４０３％、バター３６０％、砂糖３２８％など）で守られていたから、それがゼロになれば大打撃が避けられない。

それだけではない。

当事国（日本）の国内法よりも外国企業が優先される「ＩＳＤ条項」や、当事国（日本）がいったん許可した項目は問題が発生しても元に戻すことができない「ラチェット規定」

など、不合理で不平等なルールがあるのだ。

さらにＴＰＰは、アメリカの制度、システムを押し付ける要素が強い不平等条約だ。

★ＮＨＫ特集『輸入食糧ゼロの日』（１９７８年3月23日放送）

日本は食糧の60～70％を輸入に頼っている。

この番組は、もし「食糧輸入が途絶えたら」という事態を想定したドキュメントで、農林省スタッフや専門家が分析した結果をもとにしているから、とてもリアルで衝撃的だった。

輸入ゼロが始まって1年後、餓死者数の推定は、なんと「３０００万人」！

※参考サイト http://j.mp/syokuryouzero

食糧問題は、とくかく自給率を上げること。

それが一番重要であることは明らかだ。

3．水問題（水需要のグラフ）

●アフリカでは

私の見たこと、経験したことを紹介する。

アフリカでは１人１日10リットルの水で生活している。家族10人なら１日１００リットルの水が必要なのだ。ウガンダの田舎に行ったとき、女性は20リットル（20キロ）のポリタンクを頭に載せて、片手に10リットル（10キロ）のポリタンクを持って水を運んでいた。毎日何往復もするのだ。運がいい人たちは井戸水が飲めるが、ほとんどの人は川や水溜りの水だから濁っていて沸騰させなければならない。

さらに、燃料の薪（まき）も遠くまで拾いに行かなければならないのだ。

●日本の実態

日本では、個人の生活用水は風呂、洗濯、炊事、トイレなど１人１日３００リットル（キロ）。これだけでアフリカの人たちの30倍だ。

しかし、私たちの生活を支えている農業用水、工業用水を含めると、なんと１人１日２トンになる。これはアフリカの人たちの２００倍だ。

さらに輸入されている食糧や工業製品には相手国で農業用水、工業用水が消費されている。これを仮想水（バーチャル・ウォータ）と呼び、これを含めると日本人はなんと1人1日3.5トンもの水を消費しているのだ。（図表5）

●増え続ける水需要

水の消費は経済成長と共に増えるから、今後途上国も水需要が増える。

すでに水資源は限界に近づいているから、今後は絶望だ。

「海水の淡水化」はエネルギーとコストの問題、大陸の内部に運ぶエネルギーとコストを考えると、アフリカの貧しい人には届かないのではないだろうか。

世界銀行の副総裁は「20世紀は石油で戦争を

図表5　各国の水資源消費（一人一日当たり）

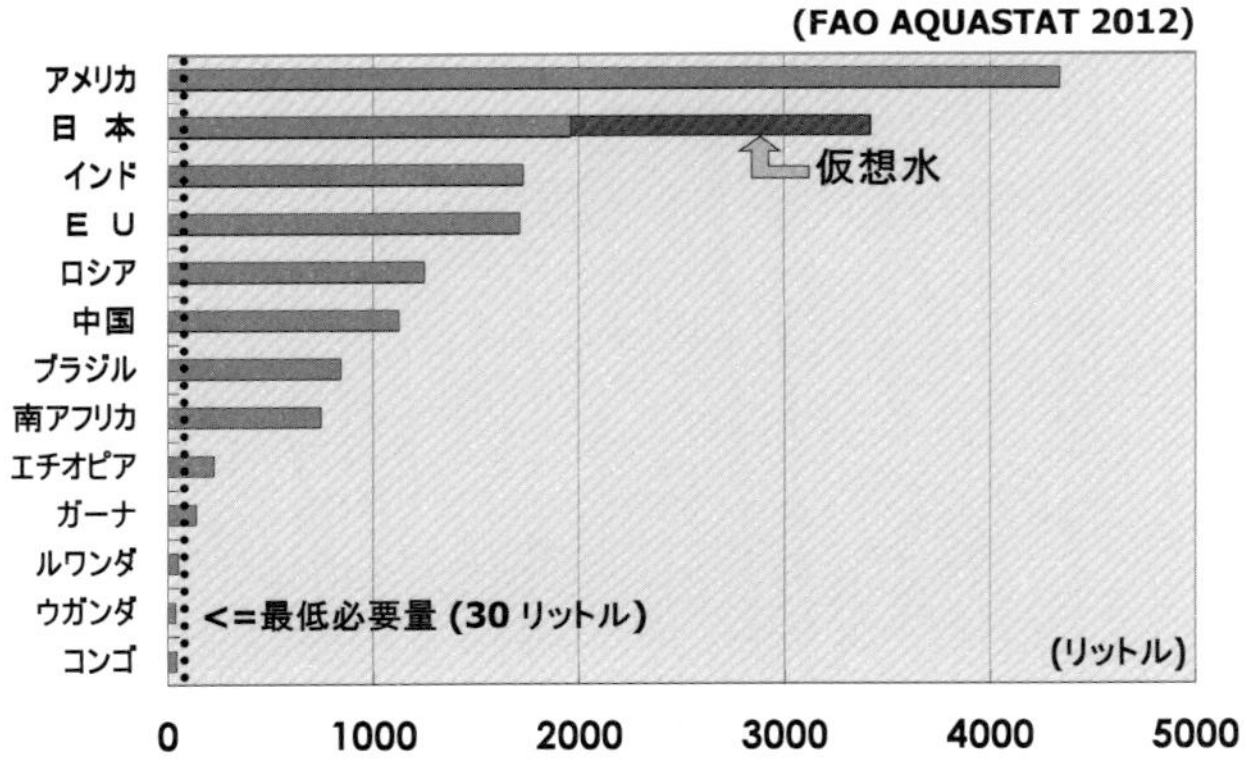

したが、21世紀は水によって戦争が起こる」と警告している。

4. エネルギー問題

●日本の実態

以前は、掃除も洗濯も、生活も仕事も、農業も漁業もほとんど人力でやっていたが、いまではほとんど機械がやってくれる。掃除機、洗濯機、冷蔵庫、エアコン、テレビ、照明すべてエネルギーを消費する。

以前は階段が当たり前だったが、いまはエレベータ、エスカレータが当たり前。

以前は歩くのが当たり前だったが、いまは自動車、電車が当たり前。

その結果、エネルギー消費は１００倍に増えたのだ。

一方、途上国ではいまでも電気も自動車もない人が大部分だが、今後は途上国の人たちも豊かになると共に家電も自動車もほしくなるだろう。

現に、すでに途上国でも、豊かな人々は豊かな暮らしが始まっている。

先進国企業は、そこに大きな市場を期待して進出に力を入れているのだ。
※14ページの図表1「世界のエネルギー消費は100倍に」参照

●今後の予測

世界の人口は2013年に72億人、2050年には90億人と予測されているが、先進国の人口は2013年に12億人、2050年には13億人とほとんど変わらない。

つまり人口増加はほとんど途上国なのだ。途上国でもエネルギー消費は増えるし、途上国でも豊かな人たちが増え続け、世界全体のエネルギー需要は2倍以上になるが、

・石油、天然ガスは資源の枯渇、温暖化と二酸化炭素の問題がある
・原発は世界的に廃止の動きが始まっている
・自然エネルギーは技術やコストの問題がある

世界中の人が自由に使える状況にはならない。

これは貧しい人に、「電気、自動車を使うな」と言っているのではない。

むしろ豊かな人に、「電気、自動車を使い続けられると思うか」と問うているのだ。

今後は、「再生可能エネルギー」を分かち合うしかないのだ。

再生可能エネルギー

再生可能エネルギーとは枯渇しない資源や原料を利用するエネルギーのことで、自然エネルギー、バイオマスエネルギー、廃棄物エネルギーなどのこと。つまり自然エネルギーは再生可能エネルギーの一部である。

バイオマスエネルギーとは木材、植物、植物性アルコールなどを燃やして得られるエネルギー。廃棄物エネルギーとは廃棄物や廃棄物発酵のメタンガスを燃やして得られるエネルギー。共に二酸化炭素を発生する。ただし何千万年、何億年かかって作られた化石燃料を燃やすのとは違い、数年、数十年で成長した木や植物を燃やすのだから、その森や農地を保全している限り二酸化炭素は循環するので、「実質的な二酸化炭素排出量はゼロ」とみなすことができる。

自然エネルギー

自然エネルギーは、太陽光、太陽熱、水力、風力、海流、地熱など自然現象を利用したエネルギーであって、エネルギー源は無尽蔵、無料で二酸化炭素を排出しないが、その発電装置の製造時には二酸化炭素を発生する。

以下、各発電について説明と評価（ＡＢＣ）を述べる。

★大規模水力発電（Ｃ）

巨大なダムを必要とする水力発電は自然エネルギーを利用するが、多くの地域を水没させ、環境破壊が大きいから、ほとんどの先進国では中止された。

しかし日本ではいまだに推進が続いていて、住民や専門家からも反対や疑問の声が大きい。これは必要性よりも、「土建大国」と言われるように土建業界の利権のためではないだろうか。

★小規模水力発電（Ａ）

小規模水力とは用水路、河川、側溝、水道など様々な水流を利用して２００kw未満の発電を行うこと。家庭の電力なら数十万円（バッテリー込みなら100万円）で寿命は40年だから一番安いのではないだろうか。

★風力発電（B）

世界的には非常に伸びているが、日本では政策の問題もあり伸びていない。（図表6）

自治体や企業が設置しているものは、1000kw、2000kw、3000kwなどがあり、家庭の平均電力消費は2~3kwだから、1000世帯への給電が可能となる。

地形や風向がよければ、非常にいい発電だ。

★地熱発電（B）

アイスランド、コスタリカなど地熱が豊かな

図表6　各国の風力発電

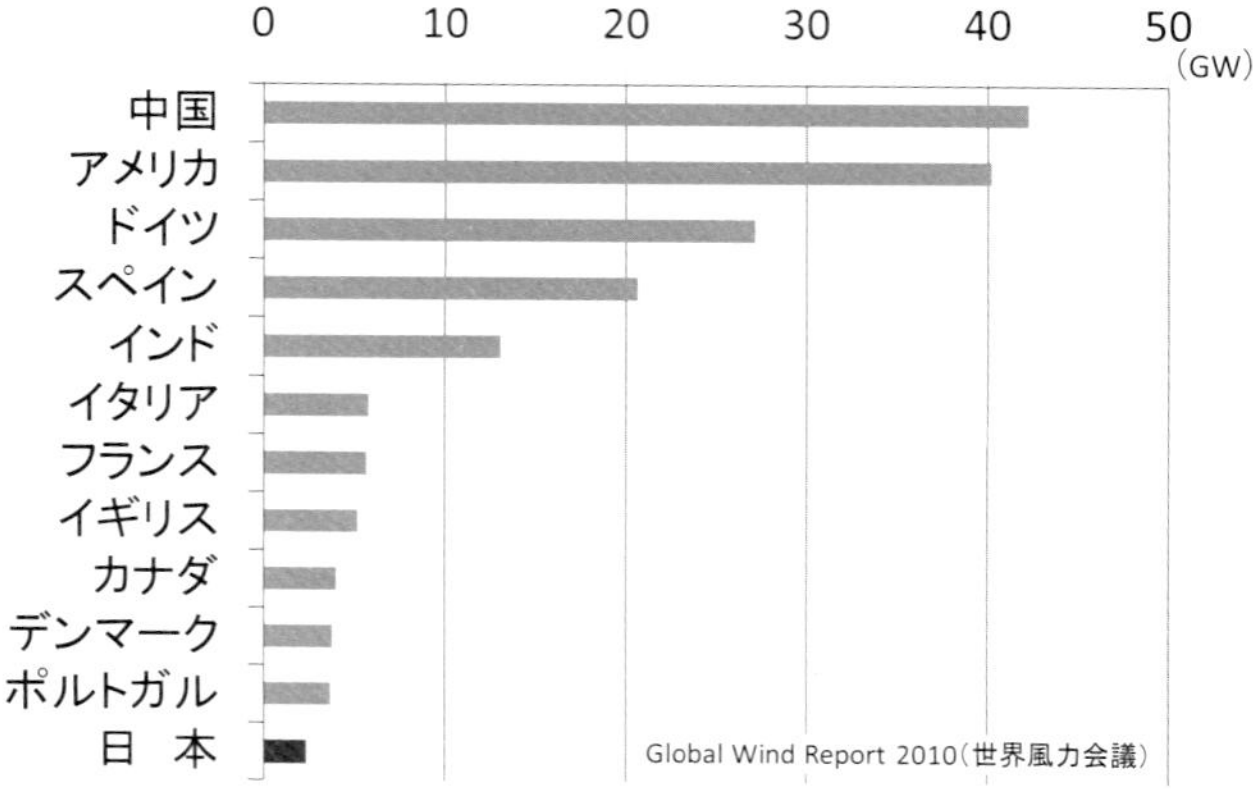

国では地熱発電が盛ん。

地熱発電は、地下数百メートルの熱水層を掘り当てて、そこから蒸気を取り出しタービンを回して発電するもの。いい場所であれば数百世帯の給電が可能。

日本は火山帯が多く地熱大国だから、地熱は将来性が高い。

問題は、温泉を掘り当てるのが難しい点、火山帯には国立公園などの規制が多い点、温泉業界と競合、対立するという３つが考えられる。

★高温岩体地熱発電（A）

地下の熱水層ではなく、地下数キロの高温岩体（数百℃）まで掘り進み、そこに水を注入して蒸気を地上に導きタービンを回して発電する。

高温岩体は掘り進めば必ず存在し、熱水層を掘り当てる必要はないから、先で述べた従来の地熱発電の問題点はすべてクリアする。技術的な問題はクリアしているので、大きな可能性がある。

オーストラリアなどでプラント建設が始まり、世界が注視している。

★太陽光発電（C）

太陽光は、最大の問題点は電力単価が高いことだ。（図表7）

これは、輸入原料（レアメタルなど）、ハイテク技術のため高額であることと、劣化や破損などで寿命が短いこと、日本は日照時間が短いため。

国の推進策（助成金、高額買取）によって普及しているが、本当に採算が合うのか、二酸化炭素の削減につながるのかには疑問がある。原発同様、国の支援策（助成金、高額買取）がなくなれば失速するだろう。

政府の太陽光推進は原発推進と同じく、大きな疑問と問題がある。

しばらく世界の動向を静観した方がいい。

太陽光発電と小水力発電を比較すると図表8のよ

図表7　各発電の単価

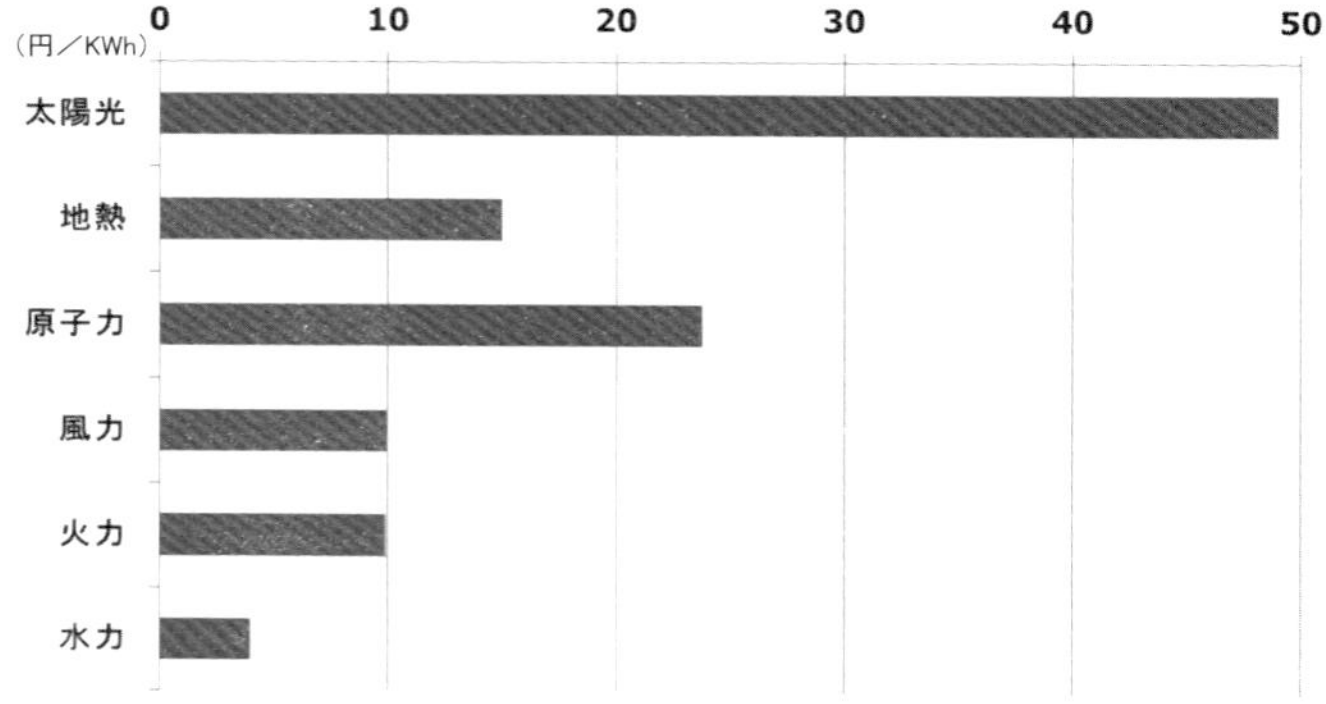

うになる。

★太陽熱発電（A）

鏡やレンズで太陽光を集光した太陽熱で蒸気を作りタービンを回して発電する。

原理が簡単で、蓄熱により夜も発電できるから太陽光発電より発電量、コスト面でも有利。太陽光は発電効率が一定で発電量は面積、コストに比例するが、太陽熱は規模が大きいほど効率が上がり、発電量、コスト面で有利になる。

★海洋発電（潮汐発電）（B）

海に浮かべて海洋の流れ、上下動、潮波などの力でタービンを回して発電する。

大規模な一般向けの給電には向かないが、津波警報器など限定用途に向いている。

図表8　太陽光と小水力の比較

	太陽光	小水力
価格（KW）	５０万円	２０～５０万円
発 電 量	日照２０％	１００％
発電寿命	２０年	４０年

コスト＝（発電量）５倍×（寿命）２倍=10倍

●原発問題

日本は長い間「安全神話」（安い、安全、燃料は無尽蔵）で原発を推進してきたが、福島原発事故で、すべてが虚構だということが明らかになった。

・正常に稼働していてもコストは高い
・使用済み燃料の最終処理の方法も技術もない
・燃料は無尽蔵ではなく、再処理コストが高い
・事故が起きれば大惨事
・安全の保障は不可能
（大地震、人為ミス、コンピュータ誤作動、飛行機の墜落、テロなど）

多くの国がすでに「脱原発」に転換しているが、日本政府は、まだ懲りずに「再稼働」に向かっている。

国民の願い、国民の意志に反したまま、間違った方向に進もうとしている。

※参考　書籍『大震災と原発事故の真相』　http://j.mp/daisins

第三章　環境問題

宇宙船地球号の生命維持装置は、貯水装置、水循環装置、浄水装置、大気製造装置、大気循環装置、大気浄化装置、気温制御装置、酸素発生装置など非常に複雑なシステムであり、それらはお互いに複雑につながっている。例えば森林は、水循環装置であり、大気浄化装置でもあり、酸素発生装置でもあるのだ。

人間は、生命維持装置のことを「環境」と呼び、「進歩とは、環境を我々の都合がいいように変えることだ」と信じているようだ。

1．地球温暖化

●概要

地球温暖化は「温室効果」と言われる通り、温暖化ガス（二酸化炭素など）が増えると熱がこもって温度が上昇する。

放出と吸収がバランスして一定だった二酸化炭素濃度が、化石燃料を大量に燃やすことで加速度的に増え、平均気温が上がり始めたのだ。（図表9）

国連ＩＰＣＣ報告書は、「今後１００年の温度上昇は最大５℃」と警告。

過去１００年間で地球の平均気温は0.8℃上昇したが、日本の場合、都会ではヒートアイランド現象で２～

図表9　地球温暖化の気温上昇

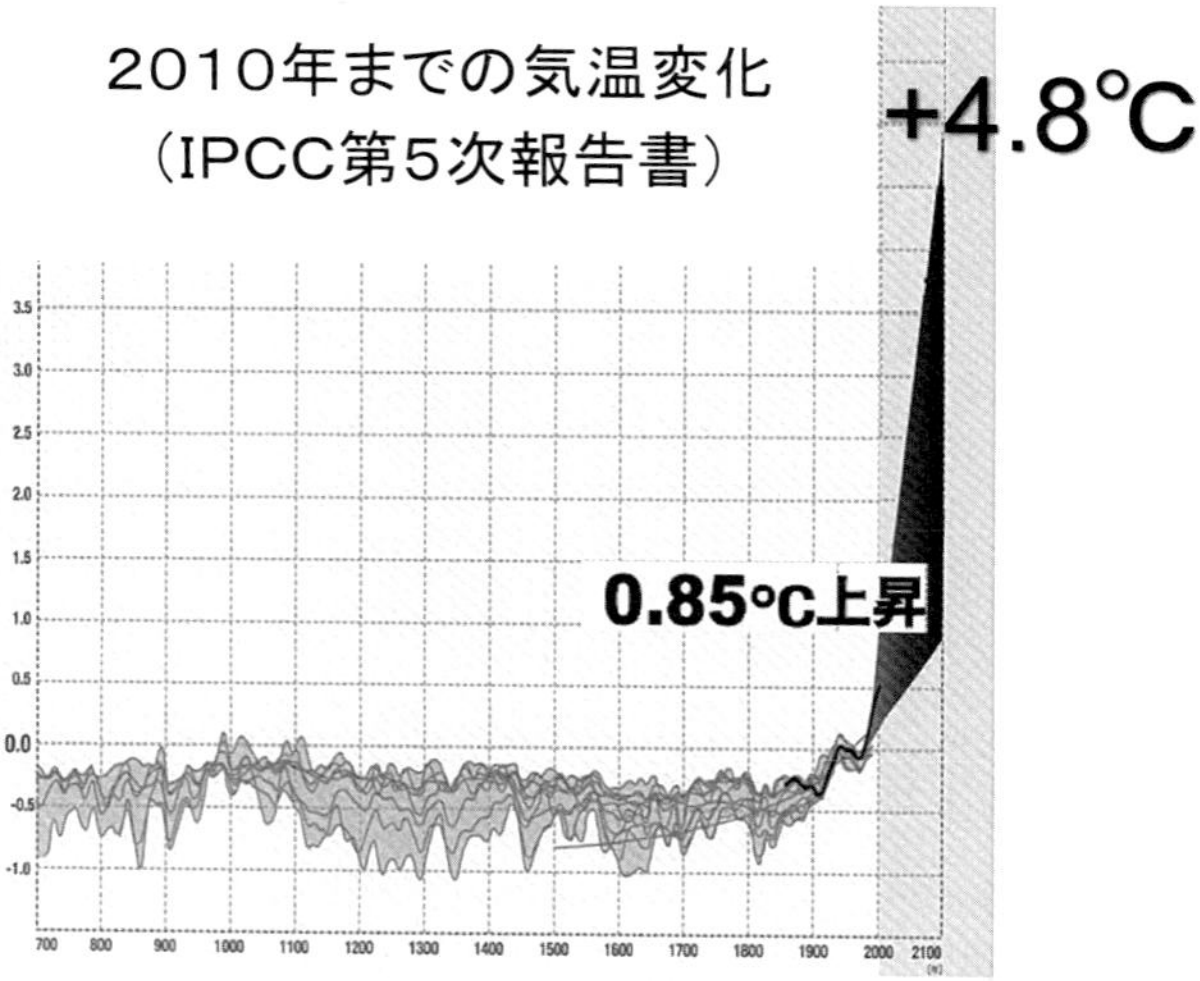

３℃上昇し、すでに各地で異常気象が起きている。

　地球の平均気温が５℃上昇すると日本は10℃以上上昇、大変な事態となる。熱波、干ばつ、豪雨、台風やハリケーンの大型化、自然災害の規模拡大、農作物の打撃、食糧危機がさらに深刻化し、私たちの生活は大きな打撃を受ける。

「南極、グリーンランド、アイスランドなどの氷の融解により数メートルの海面上昇が予測される」と警告している。数メートルの海面上昇が起これば、50か国の国土の全部または大部分が水没する。さらに大規模

図表 10　関東の水没図

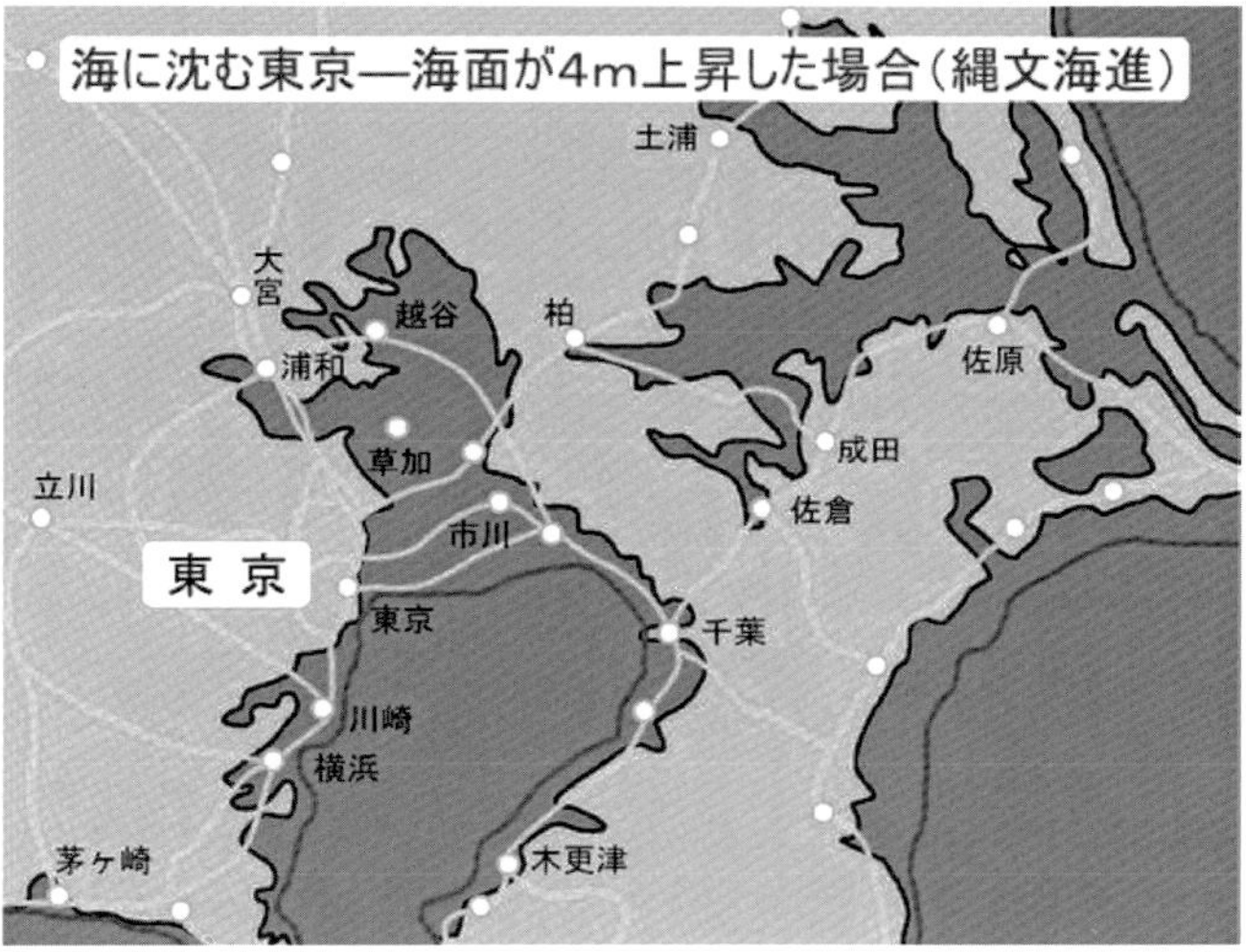

な氷床の崩落では大津波も起こる。

日本も例外ではない。海岸近くの平野にある都市の大部分が水没する。（図表10）

●異常気象

世界では大規模な豪雨や洪水、大規模な渇水も報道されている。

以前は「異常気象は途上国の悲劇」だと思われていたが、いまや先進国でもアメリカのスーパーハリケーン、ヨーロッパの豪雨、大洪水が報道されるようになった。

日本でも台風が大型化し、以前は7月から9月までだった台風のシーズンも今では6月から10月と長くなってきた。以前は「台風は北海道には進まない」とされていたが、いまでは北海道も台風の通り道になってしまった。

さらに「ゲリラ豪雨」と呼ばれる激しい集中豪雨が起こり、浸水被害や土砂崩れ、山崩れで大きな被害が出るようになった。

温暖化は世界全体が一様に暑くなるのではなく、局地的な高温と低温、局地的な豪雨と渇水など二極化が起こるのだ。

この現象は、豊かになればみんなが豊かになるのではなく、豊かな人たちがより豊かになり、貧しい人たちがより貧しくなるのと同じだ。

10年後には、日本の最高気温は50℃に達するだろう。

豪雨や台風の被害はさらに甚大になり、想像を超える事態を迎えるだろう。

●主な原因

大気中の二酸化炭素は長期にわたり安定していた。

南極の氷の中の気泡の調査によって、20万年間一定の濃度（２８０ｐｐｍ）であった二酸化炭素がこの１００年間で急増、最近ついに４００ｐｐｍを超えた。

地球が何億年もかかり地下に蓄積した石油、石炭を、人間が狂ったように掘り出して燃やしているからだ。

２０１１年だけで年間３１３億トンの二酸化炭素を放出しているのだ。（図表11）

その70％は輸送と発電など便利快適な生活のために放出される。

家電は便利だが、掃除や洗濯などを人手の数十倍の二酸化炭素を出すのだ。

自動車は便利だが、歩いたり走ったりする数百倍の二酸化炭素を出すのだ。

電気や自動車を使っている人たちは、使わない人たちの１００倍の二酸化炭素を出しているが、今のところ電気や自動車を使っていない人々の方がはるかに多い。

しかし、その人たちも今後は「便利、快適」を求め、電気や自動車を使い始めるだろう。先進国事業も「途上国に家電や自動車を売り込むこと」が企業戦略だから、この先どうなるだろう。

図表 11　世界の二酸化炭素排出量

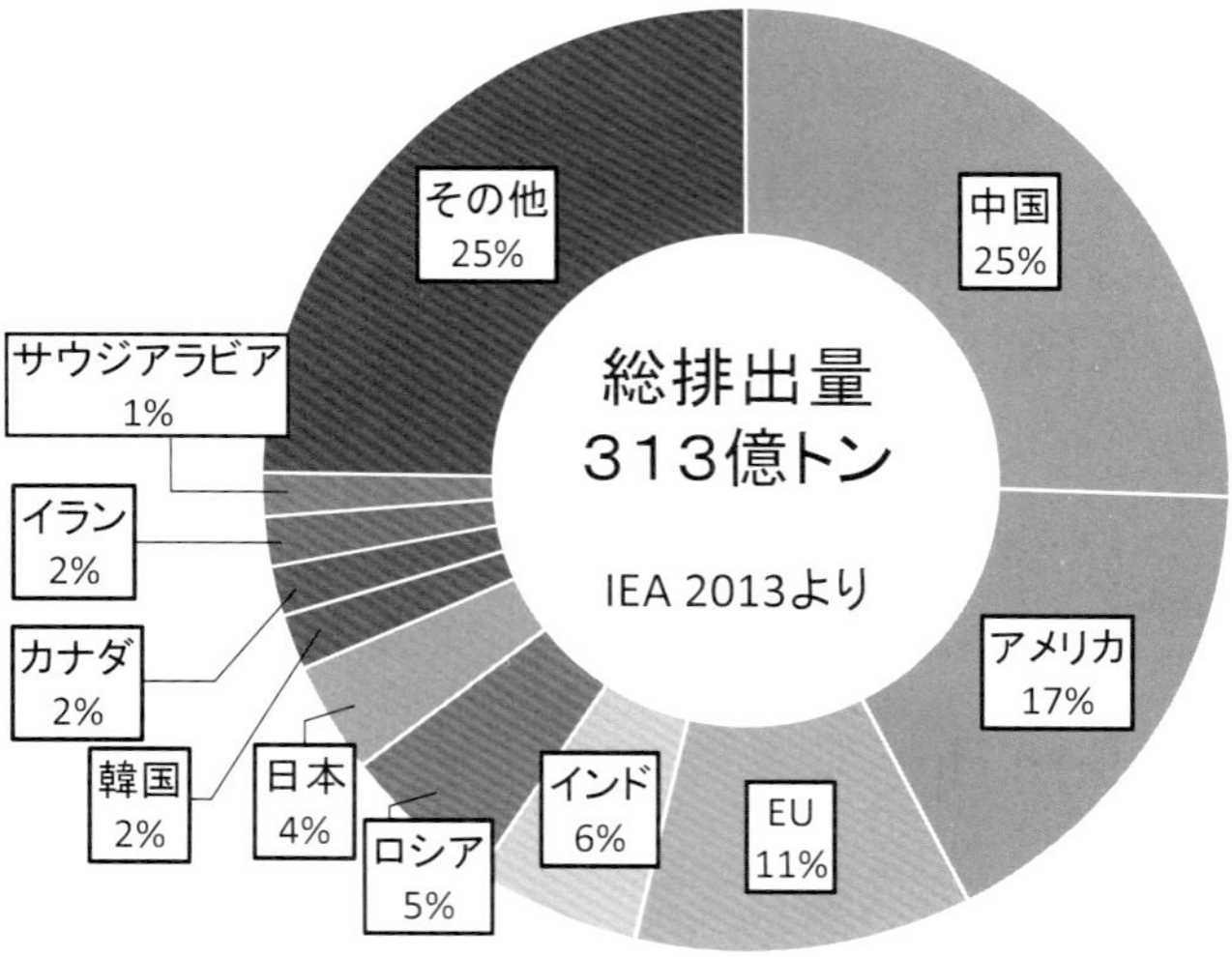

●京都議定書

温暖化防止京都会議で各国は二酸化炭素の削減目標を定めたが、日本はその会議の主催国であったにも関わらず、残念ながら、一貫して「二酸化炭素は削減しない」とする立場を続けている。（図表12）

●各国の取り組み

★国連ＩＰＣＣ報告（最新情報、５次報告）

「気温上昇を2℃未満に抑えるためには、温暖化ガスの排出を２０５０年に２０１０年比40～70％減らす必要がある。２１００年には、ほぼゼロ又はマイナスにする必要がある」と警告している。

図表 12　各国の温暖化ガス削減目標

	12年目標	12年実績	20年目標
ドイツ	－25%	－24.8%	－40%
イギリス	－23%	－25.0%	－34%
アメリカ	－ 7%	＋ 4.3%	－4.6%
日本	－ 6%	＋ 8.8%	＋3.1%

★各国の目標

コスタリカ　２０２１年までにカーボンニュートラル（排出ゼロ）
ノルウェー　２０５０年までにカーボンニュートラル（排出ゼロ）
ＥＵは28か国の合計として目標は「２０５０年　80％削減」
イギリス　２０２５年までに50％削減
ドイツ　２０２０年までに40％削減　２０５０年までに80％削減
フランス　２０５０年までに75％削減
アメリカ　２０２０年までに２００５年比17％程度削減
２０３０年までに２００５年比で発電所が排出するＣＯ２を30％削減

★コスタリカ

私たちは２０１４年、コスタリカに行き、その本気の取り組みに驚いた。

２００７年、アリアス大統領（ノーベル平和賞受賞）が国家戦略として「２０２１年、カーボンニュートラル（二酸化炭素排出を自然吸収量と同等として、実質的に排出ゼロとする）を宣言し、すべての国家戦略をそれに合わせている。

電力の自然エネルギー比率は２０１３年90％だから１００％は十分達成可能だが、自動車のガソリンを含めた全エネルギーの自然エネルギー比率は２０１３年30％だから目標達成は非常に難しいのではないか。しかしコスタリカは森林が多く、森林保全に力を入れているため自然吸収量が多い。目標達成の可能性は十分ある。

●日本の課題

日本は戦後70年たった今も、政府は「経済成長、経済優先」ばかりを唱えている。これでは二酸化炭素は増大するのは当たり前。これは国民の願いにも反している。国民は決して子どもたちの未来を犠牲にしてでも「目先の豊かさ」を求めてなどいない。政府は、ＥＵ諸国やコスタリカのように高い目標を設定し、本気で取り組まなければならない。

●できることから

★節電

「節電は最善の発電」と言われる意味を理解しよう。

★ダウンアンペア

家庭の電力はかなり余裕をもって契約されている。その分、契約電力量も電力単価も高くなっている。節電と節約両面から契約電力を下げよう。

電力会社もその分、発電量を減らさなければならなくなる。

★グリーン電力

二酸化炭素を出す火力発電と、事故が起きれば大惨事となる原発の電力を使わない契約のこと。温暖化防止にも「脱原発」にも効果が大きい。

※参考サイト　http://www.greenpower.jp/

★自動車の利用を減らす

公共交通の利用、自転車の利用、健康のために徒歩やジョギングもおすすめ。

★便利快適、豊かさの見直し

無駄な買い物、使い捨て、流行を追うことをやめよう。

何かがほしいと思ったとき、「本当に必要か」「他の方法はないか」と考えよう。

基本は４Ｒ（やめる、減らす、再利用、リサイクル）。

貸したり、借りたり、共用がおすすめ。

自分がいらないものを必要とする人に譲る、活かし活かされる社会も素敵だよ。

2. オゾン層破壊

●概要

オゾン層は上空20キロあたりに微量に存在するオゾン（O_3）の層であり、有害紫外線（ＵＶ―Ｂ）を遮断するために無くてはならないものである。

いまから5億年前、オゾン層が形成されることで、生物が海から陸に進出することができるようになった。陸上生物にとっては、オゾン層はシェルターのようなもので、オゾン層がなくなれば陸上生物は死滅する。

オゾン層の減少が確認されたのは１９８０年初めで、部分的にオゾン層がほとんど無いオゾンホールが発見された。その原因はフロンなどの化学物質だということがわかった。オゾン層破壊は、自分たちのシェルターを自分で破壊することなのだ。

★フロン

フロンは自然界には存在しない。人間が化学的に作り出した物質なのだ。用途は、①冷蔵庫、エアコンなどの冷媒、②半導体、電子部品などの洗浄剤、③発泡スチロールなどの発泡剤　として大量に使われてきた。大気中に放出すると上空のオゾン層に到達し、長年にわたってオゾンを破壊することがわかったのだ。

すでに放出されたフロンは仕方ないとしても、今後の生産をどうすればいいか、冷蔵庫、エアコンなどに充填されているフロンはどうすればいいのかなど、重大問題であった。当然ながら企業は、「そんな証拠はない。根拠がない」と反発し、規制に対して強い抵抗をした。環境問題は常に企業と政府が抵抗する。

★オゾン層破壊の影響

　１９９０年代には、南極を中心に巨大なオゾンホールが出現するようになった。サイズは南極大陸の面積よりも大きくなり、その影響としてオーストラリアの白人などに白内障、皮膚がんが急増した。オゾン層破壊が続くと農業生産の打撃、プランクトンの減少によって漁業への打撃も予想される。

　北極にも小規模のオゾンホールが発生していたが、２０１１年には南極のオゾンホールに匹敵する大規模なオゾンホールが出現。

　オゾン層の破壊は、まだ終わったわ

図表 13　南極大陸の2倍の面積を持つオゾンホール
（2006年）

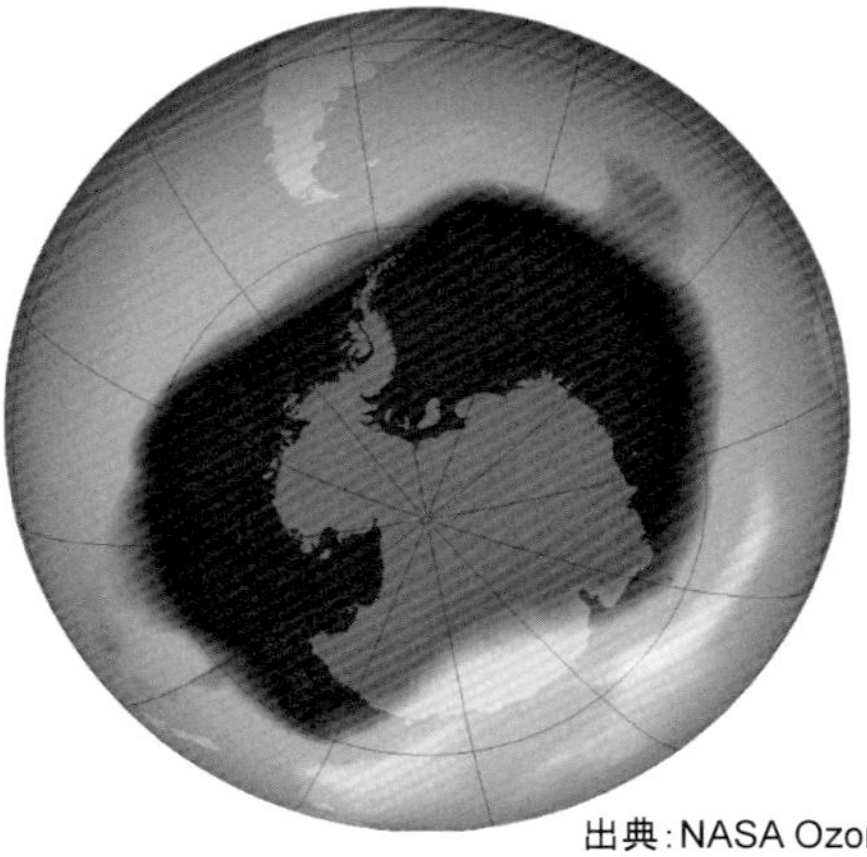

出典：NASA Ozone Watch

けではない。（図表13）

★オゾン層破壊防止会議、モントリオール議定書

1987年、カナダのモントリオールでオゾン層破壊を止める条約（議定書）が採択。オゾン破壊係数の大きい特定フロンを1996年までに全廃することを決定。オゾン破壊係数が大きい代替フロンも2020年までに全廃することを決定。オゾン破壊係数ゼロの代替フロンも温暖化係数が大きいことが判明、全廃について議論中であり決定には至っていない。（2014年8月現在）

●日本では

日本の「脱フロン」は順調に進んでいるが、冷蔵庫やエアコンの買替時に内部のフロンの回収が義務付けられていることは、あまり守られていない。罰則もあるが適応されたことはない。タバコのポイ捨て、ごみのポイ捨ても罰則があるが適応されたことがない。フロンの放出がタバコのポイ捨てと同じ程度の認識にしかなっていないのが現状だ。

★自然冷媒

先進企業は「自然冷媒」にチャレンジしている。

自然冷媒とは、フロンのように化学的に合成された物質ではなく、自然界に存在する物質で、オゾン破壊係数がゼロ、温暖化係数が低い冷媒のことだ。

具体的には、二酸化炭素、アンモニア、プロパン、イソブタン、シクロペンタンなどがあるが、技術的な問題など解決すべき課題がある。

●現状と今後の見通し

先進国の特定フロン、代替フロンが減ったため、オゾンホールの面積、オゾン濃度はわずかながら改善の傾向にある。しかし今後の地球温暖化や、途上国のフロン使用が増えることを考えると心配の方が大きい。

というのは、先進国で使えなくなったフロンが途上国に安く大量に流れる傾向がある。

これは、先進国で使用禁止になった農薬が途上国に安く大量に流れたり、先進国では排ガス規制で使えなくなった中古車が途上国に安く輸出されていることと同じ問題だ。先進国で改善した環境問題は、数年遅れで途上国で再現する傾向があるが、オゾン層破壊でも同じことが起こる可能性がある。

★できること

・冷蔵庫、エアコンはノンフロンのものを買う
・使用済みの冷蔵庫、エアコンはフロン回収を依頼する

3. 森林破壊

●概要と現状

森林の働きは、意外に知られていないのではないだろうか。
森林は、森の生物のためだけに必要なものではなく、
①大気の循環(二酸化炭素の吸収と酸素の放出)、②水の循環(保水、蒸発、雨を降らせる)、

③気候の安定、大気の安定、④土壌の形成、⑤生態系など。
　わかりやすく言えば、森がなくなれば、雨が降らない、川は流れない、農業ができなくなる、気候が不安定になる。つまり森林は、陸上生命すべてにとってなくてはならないものなのだ。

　森林破壊とは、自分たちの生命維持装置を破壊することなのだ。

★森林の減少

ＷＲＩ（世界資源研究所）によれば、「文明が始まった8千年前と比べると森林の8割が失われた」とされている。私たちは残った2割を大切にしなければならないのだ。

　しかし現在、森林は毎年13万㎢減少している。これは「毎年、日本の三分の一以上の面積の森林が消えていくことと同じ」と言われている。森林には、自然林と人工林とがあり、自然林の方がはるかに重要だが、自然林は減少している。人工林は増えているが、世界全体としては森林の減少と劣化が進んでいる。

　森林の劣化とは、自然林は伐採によって多様性が失われ、人工林は間伐などの保全が不十分で立ち枯れなどが起こっていることである。

日本の森林の多くは人工林で、林業の衰退、林業者の高齢化と人手不足で人工林の世話ができず、多くの人工林で劣化が起こり、土砂崩れ、山崩れ、洪水などが起きている。

★熱帯雨林の減少

森林の中で、最も重要な熱帯雨林が最も大きく減少している。

熱帯雨林の面積は１７００万㎢だが、毎年９万㎢、毎年0.5％以上減っているのだ。（図表14）

熱帯雨林がなぜ重要かというと、陸地面積のわずか６％の熱帯雨林に、陸上生物の７～８割が生息し、未知の動植物も

図表 14 熱帯雨林の破壊

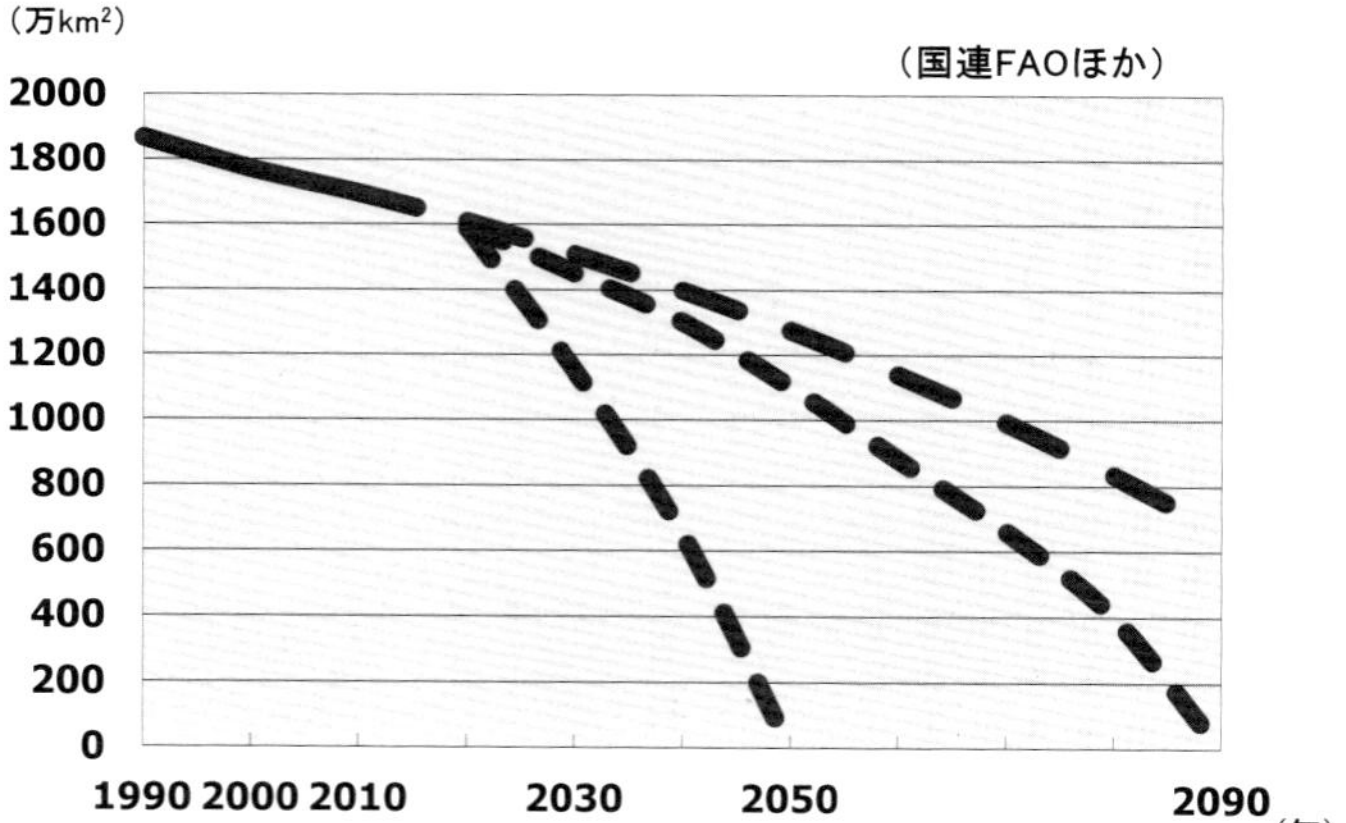

たくさん生息、森と共生する先住民たちも暮らしている。また熱帯雨林は「遺伝子の宝庫」と言われ、医薬品の25％がそれを利用して作られたと言われていて、今後も無限の可能性を秘めている。

その熱帯雨林が毎年0.5％以上の速さで減少しているということは、あと２００年以内で消滅してしまうかもしれないのだ。

世界最大の熱帯雨林アマゾンも「あと50年」という予測もある。

●主な原因

最大の原因は、木材の伐採と大規模な放牧場と農園作りだ。

伐採は、先進国の木材消費が増えたこと。

大規模な放牧場は、先進国の牛肉の消費が増えたこと。

大規模な農園は、先進国への輸出用の大豆、トウモロコシなどの穀物生産と、コーヒーやカカオなど嗜好品、バナナ、パイナップル、オレンジなど熱帯の果物の生産のため。そのほとんどは外国資本、先進国企業によるもので、先進国へ輸出される。

よく「原因は焼き畑」と報道されるが、これは先住民が行う伝統的な焼き畑ではなく、外国資本が大規模な放牧場、農園、果樹園を作るために行う広大な焼き畑である。

小規模な焼き畑は自然に修復されるが、大規模な焼き畑は土壌の流失、土壌の劣化のため修復ができず、あとには広大な荒れ地が残される。

同じことが貧しい国の農地でも起きている。

先進国企業が、貧しい人々の農地を奪ったり買い上げて広い土地に農園や工場を作り、その生産物は先進国で消費されるのだ。

こうして先進国の人たちは飽食し、肥満し、健康を害し、医療や美容にお金を使い、貧しい人たちは住む場所を奪われ、追い払われ、生存すら危うくなるのだ。

●森林破壊の影響

森林破壊が進むと森林の果たす重要な役割が失われる。

・森の保水力が失われ、土砂崩れ、山崩れが起こりやすくなる

・表土が流され、土壌の養分が減り、樹木が育たなくなる

・二酸化炭素の吸収が減り、酸素の放出も減る
・水循環が減り、雨量が減り、川の流量も減る
・生態系が崩壊し、生物が棲めなくなり、人も生活できなくなる
森林破壊は、人間だけではなくすべての生命の脅威なのだ。

●今後の見通し

ＵＮＥＰ（国連環境計画）は、「すでに世界の多くの森林が失われ、熱帯雨林の破壊は取り返しの付かない状態」と警告している。

このままではダメだということは明らかだ。

森林破壊の主な原因は先進国の大量消費だが、今後は途上国も豊かになり大量消費が始まるだろう。途上国の方がはるかに人口が多いから、今後は森林破壊が加速することは避けられない。

●知られざる事実

・日本の割り箸だけで、年間10万トン（木造住宅1.5万軒分）の木材を使い捨て（図表15）
・輸入エビは、マングローブの森を伐採して作られた養殖場からやってくる
・コーヒー、チョコ、熱帯フルーツは、熱帯雨林を犠牲にした農園からやってくる
・安い輸入肉、ハンバーガーは、熱帯雨林を伐採した放牧場の牛肉で作られている
・「粉石けん」の原料は、熱帯雨林を伐採したプランテーションからやってくる
・日本人は1人年間1トンの木材（原木10本）を消費している（紙、割り箸など）

つまり30歳の人は３００本、50歳の人は５００本の木を伐採して生きているのだ。

★事実を知れば

これらの事実を知ったなら、できることから始めるべきではないだろうか。

①紙や木材の無駄を減らし、再利用、再生に努力する
②マイ箸、マイバッグを持つなど、具体的な行動をする（図表16）
③木を植える、植林活動を支援、応援する、など。

図表 15　割り箸の消費量の変化

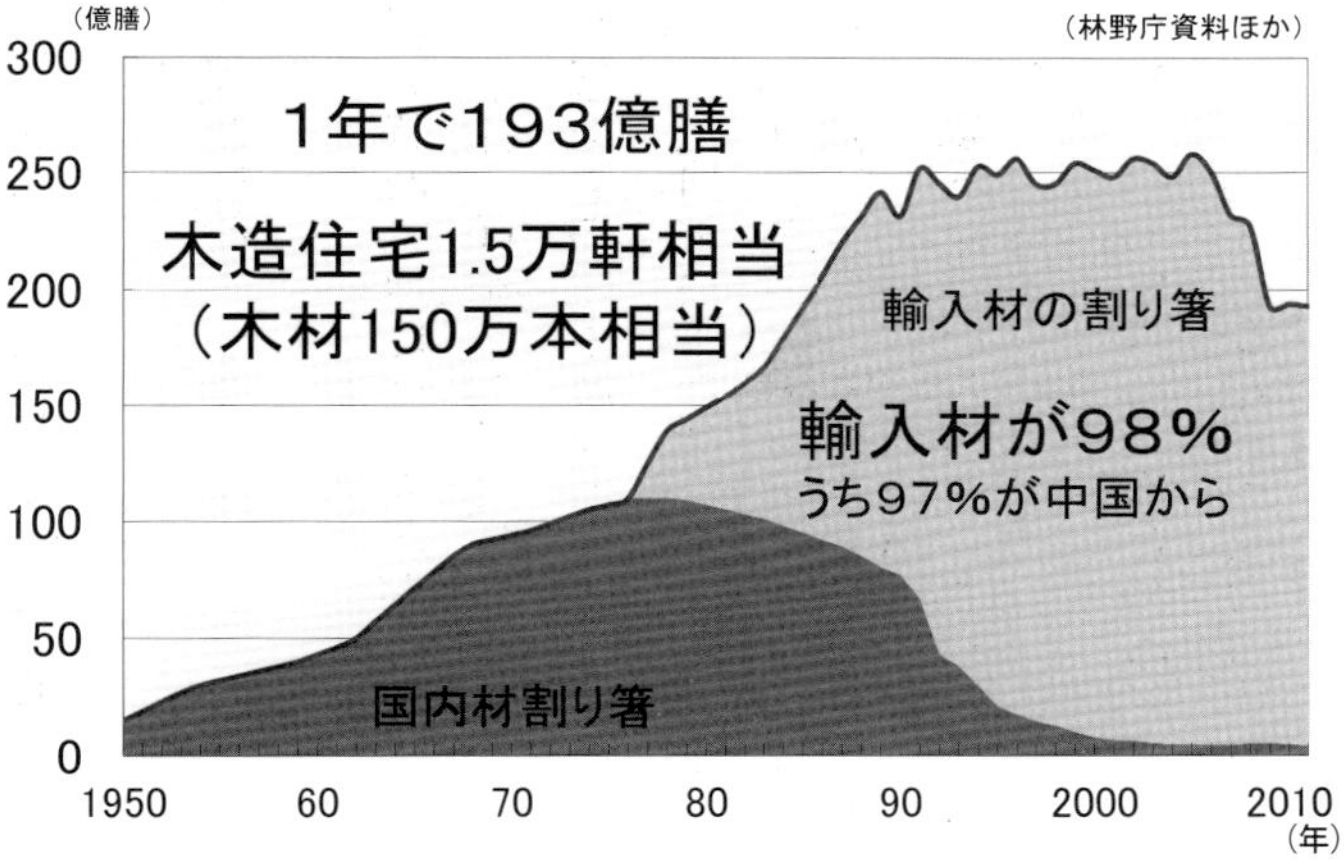

図表 16　マイ箸を持とう

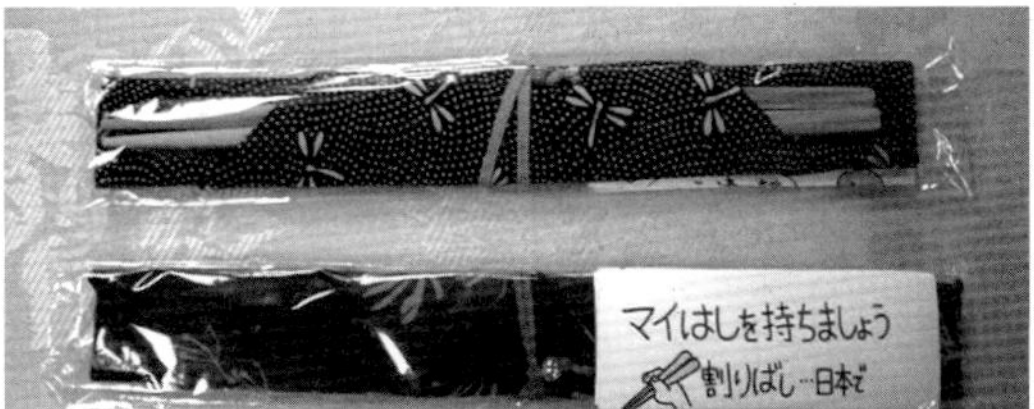

４．生物種の絶滅と人口増加

●生物種の絶滅

生物種の絶滅の速度は、人間が自然に大きく関わる以前（１万年前）は「１年に１種」、現在は「１日に百種、１年に５万種」と言われている。（図表17）

なぜ５万倍もの速さになったのだろうか。

以前の「１年に１種」というのは「自然淘汰」だった。

現在の「１年に５万種」というのは、森林をまるごと一つ破壊、山をまるごと一つ破壊、無人島をまるごと一つ破壊といった生態系全体を破壊することで、そこに生息する生物群を丸ごと絶滅させているのだ。さらに農薬、環境汚染、公害などで広域の生物を全滅させているのだ。

ＩＵＣＮ（国際自然保護連合）は「すでに全生物種の25%が絶滅の危機にある」と警告している。このような絶滅が続けば１００年後にはどんな事態になるだろうか。

地球の歴史では、過去に数回、生物種の50％以上が絶滅するという「大量絶滅」があった。６５００万年前に起こった「恐竜の絶滅」もその一つだ。

原因は、大陸の移動、巨大隕石の墜落、氷河期といった地球規模の大異変だった。

現在は、それと同じ規模の「大量絶滅」が始まっているのだ。

しかし、そのスピードは全く違う。

過去の「大量絶滅」は小惑星の墜落以外は長い時間（数万年）をかけてゆっくりゆっくりと進んだのだが、現在は産業革命（２００年前）から急激に加速している。

図表 17　生物種の絶滅

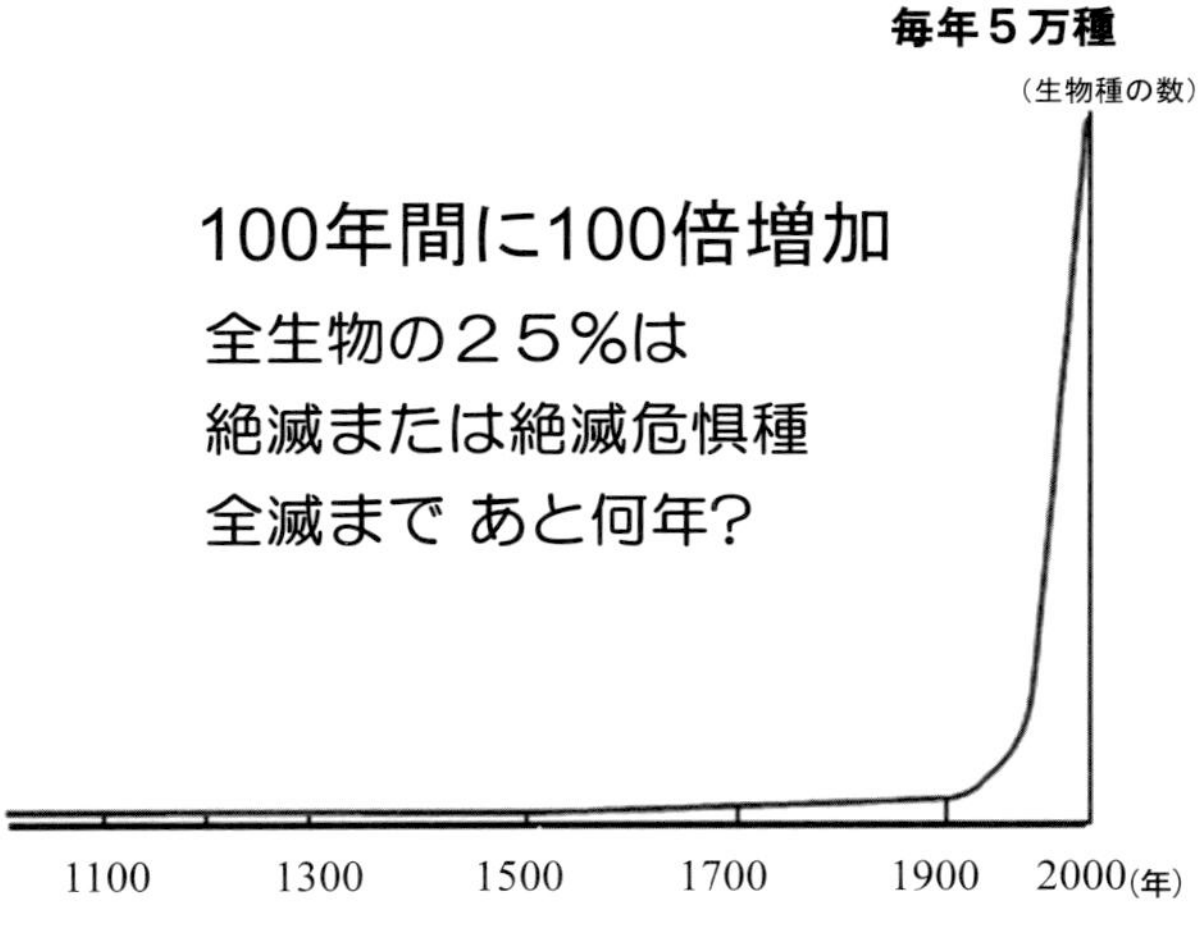

●人口増加

生物種の絶滅のグラフと人口増加のグラフはよく似ている。（図表18）

人間の増加と種の絶滅は対照的なのだ。

つまり人間は、他の生物を絶滅させて自分たちだけが繁栄しているのだ。

★人口増加の誤解

人口爆発の原因について、「人口増加は貧困や教育が低いことが原因」という勘違いをしていなかっただろうか。

もしそうなら、人口が安定していた時代は豊かで教育が高かったのだろうか。

自然界の生物は、環境が貧しくなったら減少

図表18　世界人口の推移

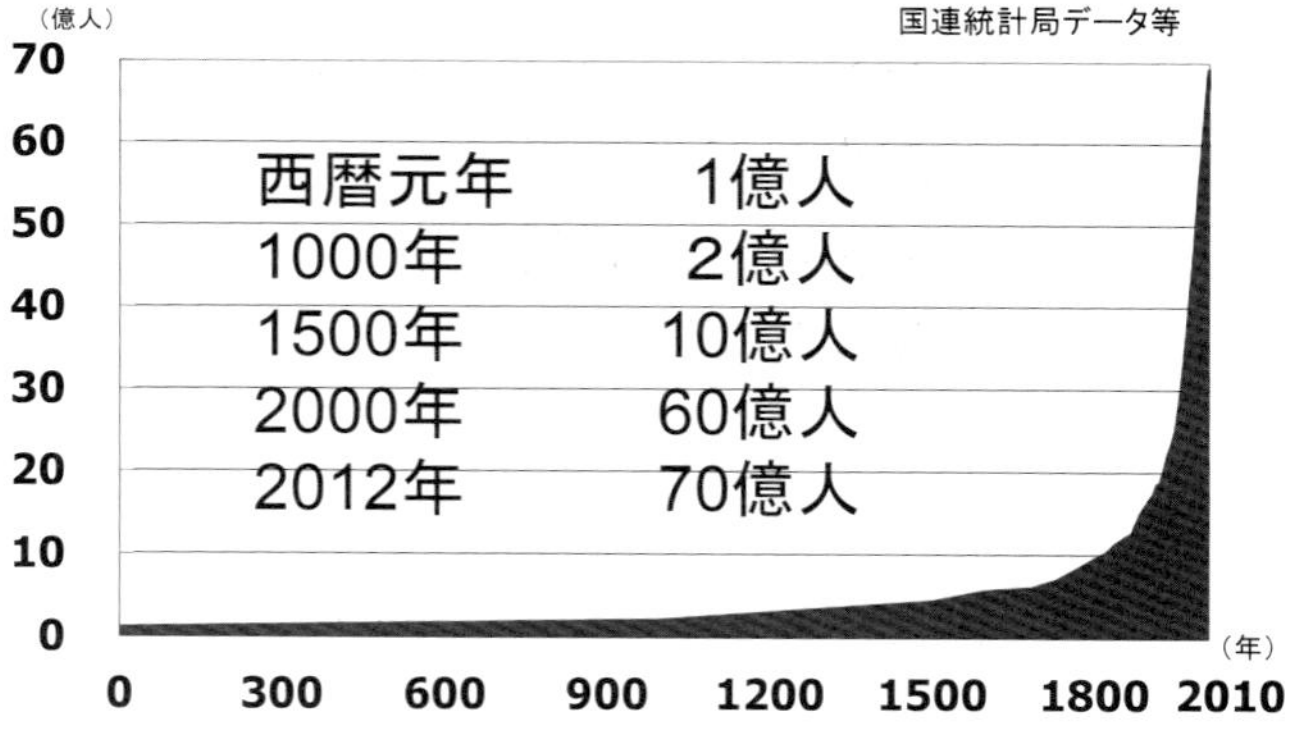

（億人）　　　　　　　　　　　国連統計局データ等

西暦元年	1億人
1000年	2億人
1500年	10億人
2000年	60億人
2012年	70億人

するが、人間だけが例外なのだろうか。
人口増加は、［出生率］―［死亡率］で決まる。
出生率は規制（避妊や中絶）をしなければ自然の出生率になる。
死亡率は食糧と環境によって決まる。
・出生率＝死亡率なら　人口は一定になる（先進国）
・出生率＞死亡率なら　人口は増える（途上国）
・出生率＜死亡率なら　人口は減る（日本）

ではなぜ途上国では人口が増えたのか。
それは出生率が増えたのではなく死亡率が減ったからだ。
ではなぜ途上国では死亡率が減ったのか。
それは貧しくなったからか、豊かになったからか。
本当に貧しくなれば死亡率が増えるが、豊かになったから死亡率が減ったのだ。
途上国は先進国との取引で一時的に豊かになったことで人口が増えているのだ。

●その真相

もっとも多い事例について説明する。

・自然と共生している人たちのもとに先進国企業の人たちがやってくる
・めぼしいもの（コーヒー、タバコ、天然資源など）があれば取引を迫る
・軍事力を背景にした不平等な取引が始まる
・安く買い取ることで企業はもうかる
・その地域では、一時的に豊かになり死亡率が低下、人口が増える
・企業は利益追求のために、土地を買い上げ工場を建てる
・安い労働力で無理な生産を続ける
・企業はもうかり、地域も豊かになり人口は増え続ける
・不自然な状態はいつまでも続かない
・土地の劣化、資源の枯渇、市場コストの暴落などで必ず破たんする
・企業が去り、荒廃した土地に多数の飢餓難民が残される

このような悲劇が、アフリカの多くの地域で起こっている。

貧しさは、人口爆発の原因ではなく、人口爆発の結果なのだ。

豊かな国の人々の生活は、貧しい国の犠牲の上に成り立っているのだ。

この真相は、なんとしても知ってもらいたい。

●先進国も人口爆発した

イギリス、スペイン、ポルトガルは大航海時代以降、南北アメリカ大陸、オーストラリア、アフリカなど多くの国に移住して、そこで人口爆発した。

アメリカにはもとは少数の先住民族（１００万人程度）が暮らしていたが、イギリスが武力で国ごと奪い、現在は３億人以上。実に３００倍以上の人口爆発だ。

オーストラリアももとは少数の先住民族アボリジニ（最大50万人）が暮らしていたが、イギリスが植民地化して移民を続け、現在は２３００万人。実に46倍だ。

カナダももとは少数の先住民族（最大50万人）が安定して暮らしていたが、19世紀からイギリス、フランス、ドイツの移民で現在は３５００万人。実に70倍だ。

アフリカもラテンアメリカも、ほとんど同じ構図によって人口爆発を起こしたのだ。

★日本も人口爆発した

江戸時代は自給自足だったから人口は一定（３０００万人）だった。

明治以降、貿易が盛んになり豊かになったことで人口が増え始め、戦後のベビーブームで人口はついに１億２千万人を突破。なんと１００年余りで４倍も増えた。

「１００年で人口が４倍」これは「人口爆発」と呼ぶのに十分だ。

●今後の課題

★人口の多い国ランキング

２０１３年（72億人）

１位　中国　13・９億人
２位　インド　12・５億人
３位　アメリカ　３・２億人
４位　インドネシア　２・５億人

5位　ブラジル　　2・0億人

中国とインドが飛びぬけて人口が多い。

中国は「一人っ子政策」を続けているが、貧しい家庭では届け出をしない子ども（戸籍外子）が増えているし、裕福な家庭ではお金を払うことで2人以上の出産を認められるから2030年頃に15億人近くまで増える。

インドは人口抑制策を行っていないから2050年の人口は16億人を超える。

2050年には世界人口は96億人と予測され、現在よりも24億人の人口増大、しかしそれだけの食糧増産は不可能。

その時、何が起こるだろうか。

★日本は人口減少

戦後日本は人口増加が続いたが、2008年の1億2800万人をピークに人口が減りはじめ、2048年に1億人を割り、2060年は8千万人台になることが予想されている。（内閣府資料）

人口が8千万人台というのは、私の子どもの頃（1950年代）と同じ。

戦後の人口爆発と経済爆発が元に戻るのに100年かかるのだ。

この100年は日本人にとって、いったい何だったのだろう。

★人間も地球生物

生物種の絶滅のスピードと人口増大のスピードは酷似している。

なぜなら、地球のキャパシティ（容量）は有限だから、人類が増えた分だけ他の生物が減るのは当然なのだ。人類が増えることは他の生物種にとっては脅威なのだ。

私たちは今後、人間も地球生物なのだということを忘れず、この星で共存していく自覚と覚悟が必要なのだ。

5. 食糧問題と飢餓

●食糧は不足していない

新聞やテレビのニュースでは、「アフリカでは○○万人が飢餓に苦しんでいる」「毎日○万人が餓死している」と報道されている。これを聞けば誰もが「飢餓の原因は食糧不足」と思っているだろうが、事実はそうではない。

世界の穀物生産量は年間24億トン。これは世界の全人口の必要量の2倍近いから、平等に分配されたならば大量の飢餓は起こらないはず。では、どこに問題があるのか。

★先進国の飽食と贅沢

世界の穀物生産量の50％は人間の食糧、30％は家畜のえさ（飼料）、20％は工業用と言われている。それをどう分配しているかが問題なのだ。

食糧については、豊かな国と貧しい国では、1人当たりの摂取カロリーは2倍近くの格差があり、豊かな人は肥満が増え、貧しい人は飢餓や餓死が起きているのだ。

いま世界で肥満は21億人、飢餓は8億人と言われている。

家畜のえさ（飼料）についても、貧しい国の家畜は草を食べさせているから、家畜の飼料はほとんど豊かな国で消費されている。工業用についても、ほとんどが先進国で消費される。

つまり世界の穀物の60〜70%を先進国（人口の2割）が消費し、その残りを途上国（人口の8割）が消費していることになる。

先進国の人は途上国の人より1人平均7〜8倍多く消費しているため、先進国では肥満が増え、途上国では飢餓や餓死が増えているのだ。

★廃棄食糧

しかし、先進国の人たちが実際に7〜8倍の穀物を食べているわけではない。

先進国の大きな問題の一つは廃棄食糧だ。

先進国ではなんと3割の食糧が廃棄されているのだ。

まず生産段階で、本来食べられるものが外観やサイズ、品質や価格面ではねられて廃棄されてしまう。次に流通から販売までに消費期限で廃棄される。

この問題は「身近な問題」の「食糧」の章でも述べたが、特に日本では消費期限に加えて賞味期限が表示されている。賞味期限はメーカーの「この期間に食べてください」という推奨期間であって、食品管理法で決められている消費期限とは別のものなのに、賞味期限によって無駄に廃棄されているのだ。

この無駄をなくすためには、賞味期限を廃止し、消費期限だけにすればどうだろう。

さらに日本では「３分の１ルール」があり、工場⇓問屋⇓小売店消費者の３つの流通に、期限の「３分の１」ずつ割り振り、その期限が過ぎたら返品、廃棄するのだ。その一部が「格安商品」「わけあり商品」として安売りされたりする。

このルールも業界も無駄なことだから改める必要がある。

★肉食

先進国の大きな問題のもう一つは肉食だ。

貧しい国では、家畜には草を食べさせ穀物を食べさせることはないから、世界の穀物生産量の30％を占める家畜の飼料は、ほとんど先進国で消費されている。

家畜の穀物飼料は家畜を育てるために、家畜の体重に対して「ニワトリは４倍、ブタは７倍、ウシなら11倍」必要となる。つまり肉食は、食べる肉の数倍の穀物を消費するのだ。

●豊かさが飢えを生む

「肥満人口は21億人、飢餓人口は8億人」

つまりお金のある人が貧しい人の分まで買い占めて食べてしまっているのだ。

「その裏で貧しい人たちが飢餓、貧困に苦しんでいる」という事実も知らずに。

先進国企業が買い占めたものを先進国の消費者が食べているのだ。

それは先進国企業と消費の行動が問題なのではなく経済の仕組みが問題なのだ。

その仕組みとは……

貧しい国では物価は安いから、先進国企業が買い占めて豊かになる。

グローバリゼーションやＴＰＰは、その物価の格差を利用して（関税をゼロにして）取引を世界規模に拡大することだから、格差はますます拡大する。

それが資本主義というものだから、それを解決しない限り問題は解決しない。

6. 人道問題

経済格差は、多くの人道問題を引き起こす。

豊かな国では知られていない、知らされていない問題（タブー）について述べる。

●知られざる事実

★バナナも、コーヒーも、チョコレートも

熱帯のフルーツや嗜好品の多くは熱帯の貧しい国で生産されている。

その土地は、もとは貧しい人々の生活の場であり、生きるための食糧（キャッサバやトウモロコシ）が植えられていた。先進国企業の進出により、そこが買い取られ、先進国の消費者のための輸入商品の生産の場になったのだ。

植民地時代は武器で土地を奪い、彼らを奴隷として働かせたが、今はお金という武器で貧しい人たちの土地を奪い、貧しい人に働かせるのだ。

そうまでして熱帯のフルーツが必要だろうか。

コーヒーより日本茶や紅茶を飲もう。

紅茶は日本茶と同じ木の葉で、熱帯産ではないのだ。

日本人が日本の農産物を食べれば、日本の農家も喜ぶし、貧しい国の人々も喜ぶ。

痩せるには食べる量を減らす方が合理的で、健康にも世界全体にもその方がいい。

※参考図書　『なぜ世界の半分が飢えるのか』(朝日選書)

★**現地で見たものは**

「貧しい国からの輸入はいいことだ」と言われるが、実際はそうではない。

現地に行くとよくわかるが、貧しい村に先進国企業の広い農園や工場がある。

土地を奪われた農民は、先進国企業の農園や工場で働くしかないが、すべての人たちが雇用されるわけではない。雇用されない人はどうなるのか。

町に出て働く人、ホームレスになる人、ストリートチルドレンになる子、人身売買される子どもたち……

●闇の子どもたち

私が実際に体験したことを述べる。

2008年、公開された映画『闇の子どもたち』を見てショックを受けた!

すぐにカンボジアで「児童の人身売買」の救済活動をしている団体にコンタクトをとり、

現地視察に行った。売春宿も見に行った。そこで見たのは驚くべき実態だった！

薬と暴力によって管理された少女たち。

観光客の性的玩具になる。……ここではこれ以上書けない。

詳しく知りたい方は、関心がある方はご自分で検索されたい。

★村を訪問

私たちは、貧しさゆえに子どもを売る村を訪問した。親にも会った。話も聞いた。

児童売買を防ぐ活動をしている人たちや、村長さんたちにも会った。

子ども人身売買の価格が「１人１００ドル」（１万円）と聞いてショックだった。

その村では毎年20人の子どもが売買されるとのこと。

なんとか救いたいと思い、

「20人の子どもを救うには２０００ドル（20万円）あればいいのか」と聞くと村長は
「そうだ」と答えた。私は
「では毎年２０００ドルを持ってくるから、子どもたちを救いたい」と言うと村長はしばらく考えて答えた。

「ノーサンキュー」と！　驚いた私は

「なぜ？」と聞いた。彼は

「あなたはもっと多くの子どもを救える」と言った。

私は内心（そうか、もっとお金がほしいということか）と考えていると、村長は

「日本には、バナナに代わる果物はないのか？」と聞いた。私が

「日本にはたくさんの果物がある」と答えると、彼はしばらく黙ってから、

「日本には、コーヒーに代わる飲み物はないのか？」と聞いた。私が

「日本にはたくさんの飲み物がある」と答えると、彼はしばらく黙ってから、

「日本には、チョコレートに代わるスイーツはないのか？」と聞いた。私が

「日本にはたくさんのスイーツがある」と答えると、彼はしばらく黙ってから、悲しそうに

「ではなぜ日本人は日本のものを食べないのか。なぜ貧しい国の土地を奪ってまで、貧しい国のものを食べるのか」と言った。

最後に村長は、

「本当に私たちを助けたいなら、日本の人たちに、日本の食べ物を食べるように伝えて

ください」と言った。

私はわかったつもりでわかっていなかったことに気づいたのだ。

それは……

●貧しい国からの輸入とは

貧しい国から輸入することは、貧しい国の豊かな人（政治家、企業家、地主など）を喜ばせるが、貧しい人々を苦しめるのだ。

貧しい国から輸入することは、貧しい国の中に格差を生み、悲劇を生むのだ。

私はアマゾンの熱帯林の保護活動をきっかけに、外国資本が熱帯林を破壊して作る大規模農園の果物、チョコやタバコなどをやめたが、それが「闇の子どもたち」の原因でもあることを知ってショックを受けたのだ。

それ以来、講演では必ず、「バナナ、コーヒー、チョコ、タバコなどはやめた方がいい。貧しい国から奪った物は買わない方がいい」と話している。

※参考図書『闇の子どもたち』（幻冬舎）

★「フェアトレードはどうなんですか」

私が講演などで「バナナ、コーヒー、チョコ、タバコなどはやめた方がいい」と話すと、あとで「フェアトレードはどうなんですか」と聞かれることがある。

フェアトレードは「公正な取引」という意味だ。

貧しい国からの輸入には不当に安い価格、不当に安い賃金が多く、その結果、労働条件が劣悪で生活が苦しい。それを改善するために公正な価格で取引をしようということでフェアトレードが生まれた。とはいえ実際には現地のことはわからないし、フェアトレードにも問題があるので、私は次のように答えている。

「アンフェアトレード（不公正な取引）よりいいと思うが、フェアトレードでもたくさん売れれば農地が拡大され、より多くの土地が奪われ悲劇は拡大します」

●貧困の悲劇

貧困問題は、みんなが貧困であるよりも、貧富の差がある方がひどい問題が起こる。

なぜならば、みんなが貧しければ、みんなで助け合い分かち合うが、貧富の差があれば、「闇の子どもたち」と同じ問題、豊かな者が貧しいものを支配し、奪い、傷つけるという問題が起こるのだ。

東南アジアの闇の子どもたちと同じような問題は世界中に存在する。ハイチのレスタベック、マラウイの幼児結婚、インドの児童結婚など。

ＮＰＯ法人ネットワーク『地球村』は、地球環境保全、森林保全、難民救済に加えて、現在は「闇の子どもたち」などの人道支援に力を入れている。

※参考サイト　http://www.chikyumura.org/fund-raise/

第四章　最後に

1. 心を病む

●不登校

あなたの周りに不登校は増えていないだろうか。（図表19）

私にも家庭問題の相談が増えているが、数人に1人は子どもが不登校だという。

私が子どもの頃にも不登校はあったがほんのわずかだったし、貧しくて学校に行くお金がないという理由だった。今は、貧しさよりも、いじめ、友だちがいない、面白くない、なじめない、意味がない、必要を感じないなど様々な理由がある。

さらに事情を聴いていくと多くの場合、原因として親の問題に行き着く。

親がコミュニケーションが苦手。仕事がうまくいかない、職場でうまくいかないなどで夫婦関係が悪い、子どもに当たる、子どもを無視（ネグレクト）する。

その結果、子どもは自信が持てなくなり、精神不安定になり、ストレスに弱くなる。子どもコミュニケーションが苦手になり、友だちが作れなくなるなどの悪循環が起こる。

私が訪れた国、ブータンやキューバやコスタリカでは不登校は極めて少なかった。

まず教育の基本が違う。日本のような受験教育、偏差値教育、○×教育ではなく、子どもの自信と主体性を大切にしていた。一言で言えば、日本の「ティーチング」とは正反対の「コーチング」だった。

※参考図書『コーチング・ワークショップ』
（ＰＨＰ研究所）

図表 19　不登校児童生徒数

●家庭内暴力

家庭内暴力も増えている。（図表20）

夫が妻に暴力をふるうケース、親が小さな子どもに暴力をふるうケース、若者が親に暴力をふるうケースなどがあるが、相互につながっている場合が多い。つまり親から暴力を受けていた子どもは大きくなると親に暴力をふるうことが多い。

両親のけんかや暴力を見て育った子どもは粗暴になり、家庭や学校で暴力をふるう場合が多い。

原因は、親がコミュニケーションが苦手、人間関係がうまくいかない、仕事がうまくいかない。そのうっぷんが家庭で爆発する。

図表20　家庭内暴力相談件数

（2014年　内閣府資料）

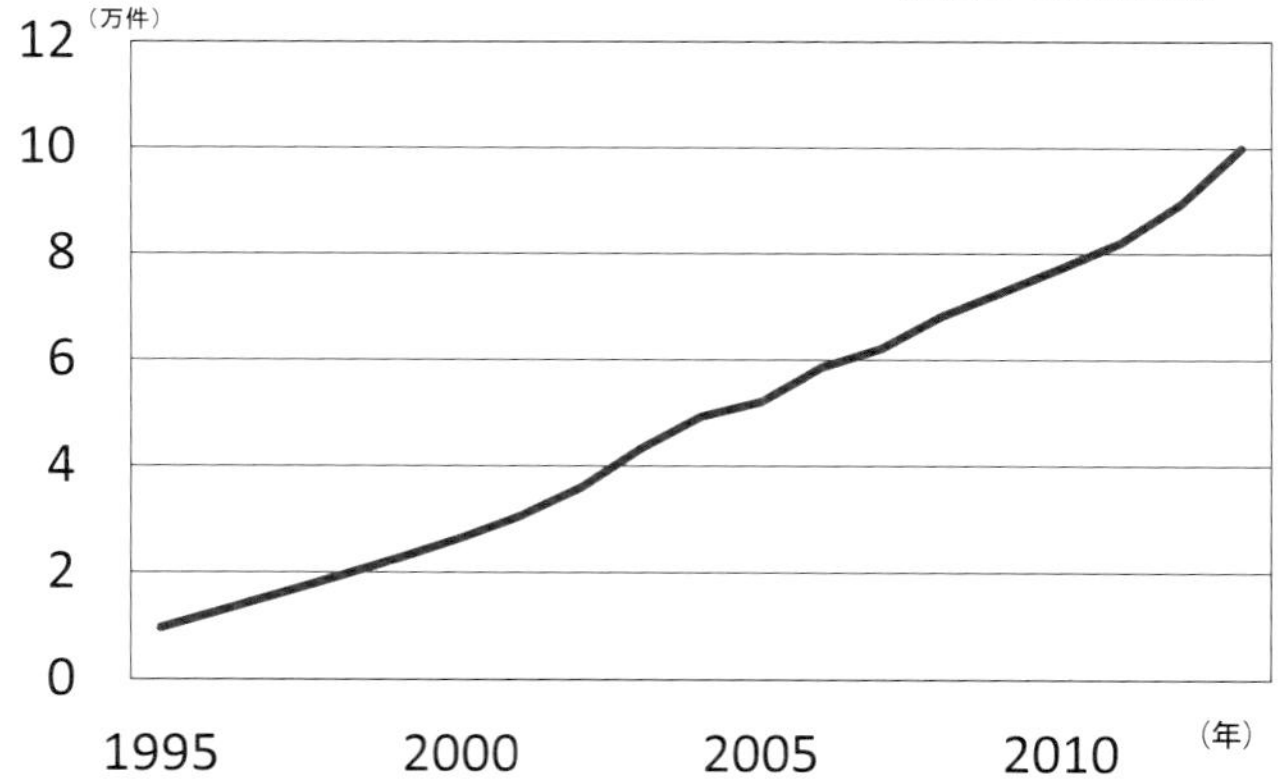

この防止には、ケンカや大きな物音、悲鳴や泣き声などの家庭内暴力の可能性を感じた人は警察に通報することが必要だ。周りの人の役割が大きい。

●児童虐待

児童虐待とは両親など保護者が子どもに肉体的、精神的、性的に大きなダメージを与えることだから家庭内暴力に含まれる。（図表21）

原因は、家庭内暴力と同じで、親に問題がある。仕事や職場でうまくいかない親が家庭で弱者にうっぷんばらしをするのだ。

気が付いた人が警察に通報することと、被

図表 21　児童虐待件数

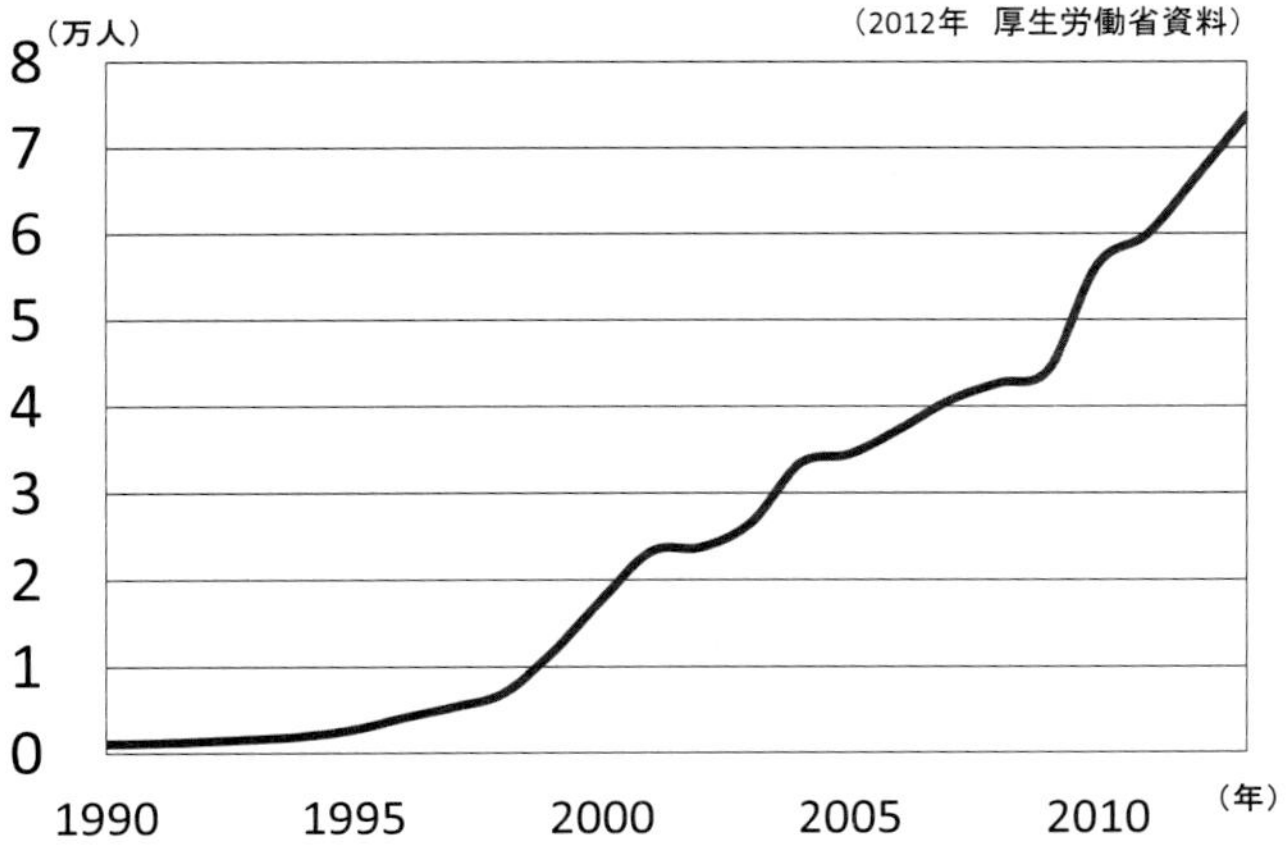

害者にも「ＳＯＳを発すること」を教えることが必要だ。
※参考ＤＶＤ『子育ては自分育て』 http://j.mp/dvdkoso

●２人に１人が「心を病む」

あなたの周りで、心を病んでいる人はいないだろうか。

厚生労働省のデータでは、心を病む人は急増している。特に「精神及び行動の障害」は近年１００倍の増加だ。（図表22）これは厚生労働省が病院などのカルテで把握した人数だから、通院していない人、引きこもり、心の中に闇を抱えた人、自殺願望、リストカット（自傷）、犯罪者（他傷）は含まれていない。自覚症状が無い人は通院しないし、自覚症状があっても薬局で睡眠薬や精神安定剤を買っている人も含まれていない。

カルテの数で３００万人を突破しているということは、カルテのない人を含めると10倍、20倍いることが予想される。もし20倍なら６０００万人！

日本の人口の半分、「２人に１人」ということになる！

★原因

先天的な障害は別として、生まれた後に「心を病む」場合について述べる。

まず、平和な社会、安心な社会、幸せな社会では、心を病まない。

逆に戦争、紛争、飢餓などつらい状況下で心を病むが、日本には戦争、紛争、飢餓はなく、むしろ平和な国だとされている。それなのに、なぜ心を病むのか。

社会の歪み、ストレス、人間関係の問題が他の国よりも大きいのだ。

なかでも家庭と学校に大きな問題があるのではないだろうか。

家庭では、両親の問題、夫婦の関係、親子の関係。

図表 22　心を病んでいる人

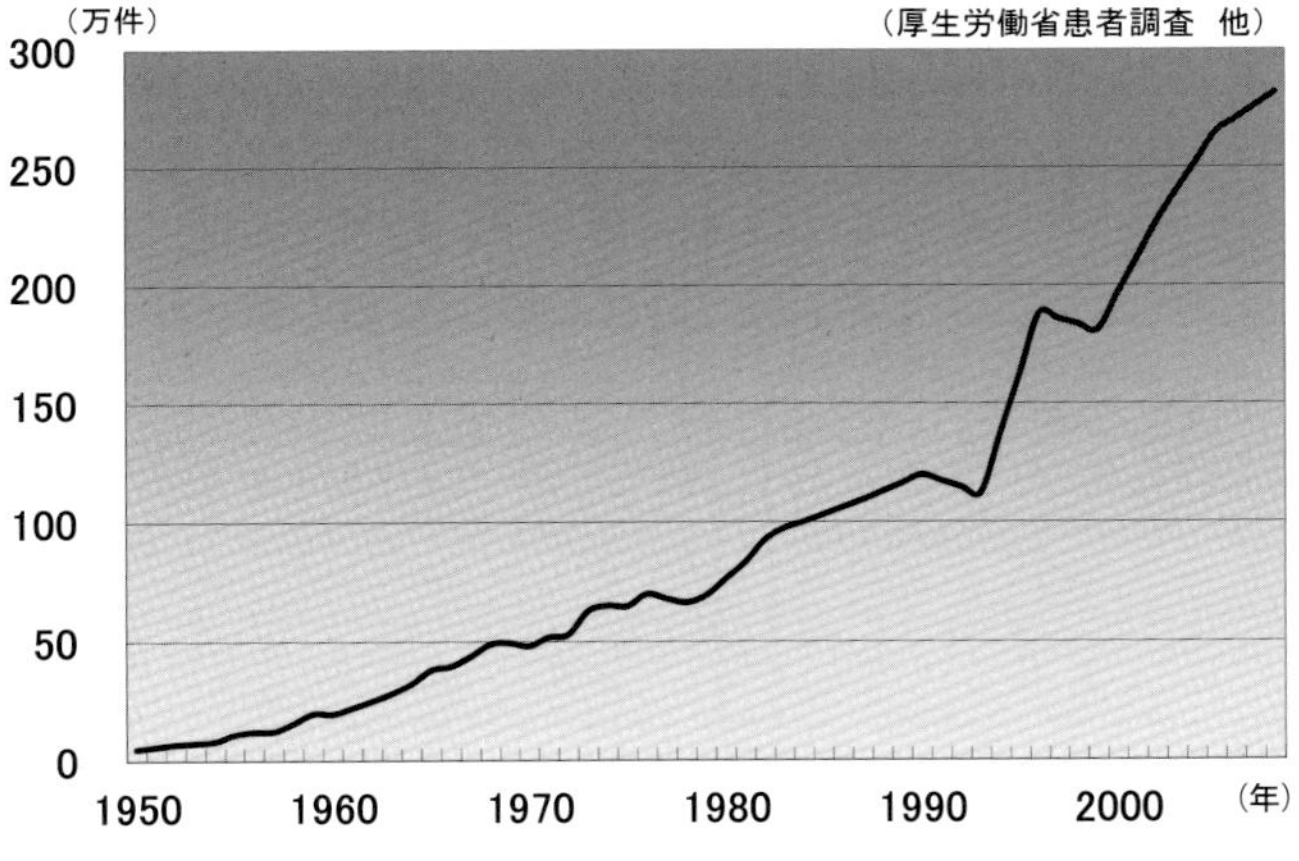

学校では、学校の制度の問題、教師の質の問題、教師と生徒と親の関係。

子どもの時に十分な愛や信頼が得られなかった子どもが大人になった時、十分な人間関係が作れない、コミュニケーションが取れないなどの問題がある。

その人は、ストレスが大きくなると、逃げ出す、投げ出す、引きこもる、という行動につながる。その人が家庭を持つと、その子どもにも同じ問題が起こる。

★子育てと教育に問題が

ここでは詳しく書きつくせないが、「ねばならない」「○×教育」で育てられた子はＡＣ（アダルト・チルドレン）になりやすい。

5歳までは十分な愛情を注ぎ、それ以降は自立へのサポートが必要だ。
・子どもの話をよく聞くこと
・「どうしてそう思うの？」と問うこと
・「いい、悪い」を決めつけず、考えさせること
※参考図書『すてきな対話法　ＭＭ』　http://j.mp/sutekimm

★治療にもサポートにも問題が

日本は、精神病の病床数（ベッド数）が世界で最も多い。（図表23）

日本では傷病全体の入院日数が平均30日であるのに対して、精神病の入院日数は３００日と10倍以上も長い。これは他の国と比べて大きな差がある。（図表24）

日本の入院は治療だけではなく「社会的入院」と呼ばれる「隔離のための入院」が多い。その原因は、日本は社会的ケアの不備、遅れによるものとされている。

★イタリアは精神病院を廃止

精神病に対する考え方で画期的な国はイタリアだ。

図表 23　精神病床数

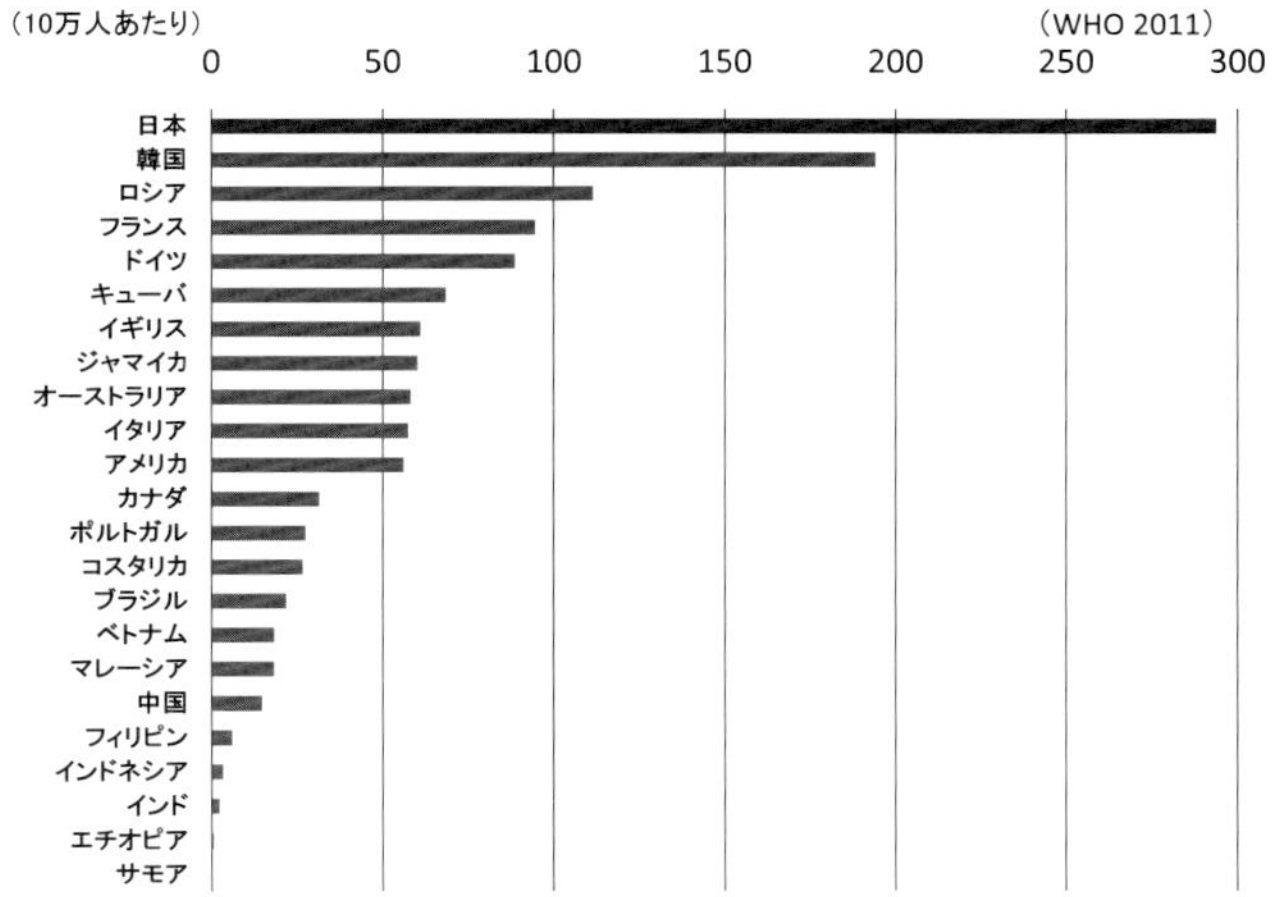

イタリアでは、「精神病は病気ではない。人間関係など社会的環境の問題であり、隔離することは間違っている」という考え方で、１９７８年に国会の決定によって精神病院そのものを廃止した。

それはトリエステの医者バザーリアによって始まった革命的なことだった。

当時のイタリアの精神病院は今の日本の精神病院のように、「一度入院すると一生出られない」というものだったが、彼は「自由こそ治療だ」として入院患者に次々と自由を与えて行った。そして大きな効果を証明し、それが全国に広がっていった。

２００１年イタリアの保険相が「ゼロ宣言」をした。

※参考図書『精神病院を捨てたイタリア　捨てない日本』（岩波書店）

図表 24　入院日数

（WHO 2011）

国　名	５年以上	１年～５年	１年以下
日本	36(%)	29(%)	35(%)
インド	14	24	62
ブラジル	11	21	69
韓国	8	25	67
フィンランド	7	11	82
ロシア	3	21	76
デンマーク	0.3	9.7	90
ドイツ	0	0	100

●自殺

日本は自殺も、先進国（ＯＥＣＤ34か国）で2番目に多い。（図表25）

その原因は、先で述べた「心を病む」で述べたのと同じ原因だろう。

2. まとめ

●地球の歴史

地球の歴史46億年を1年のカレンダーにしてみると、

1月1日　地球が誕生

2月17日　海中に原始生命が誕生（単細胞）

図表 25　自殺率の国際比率

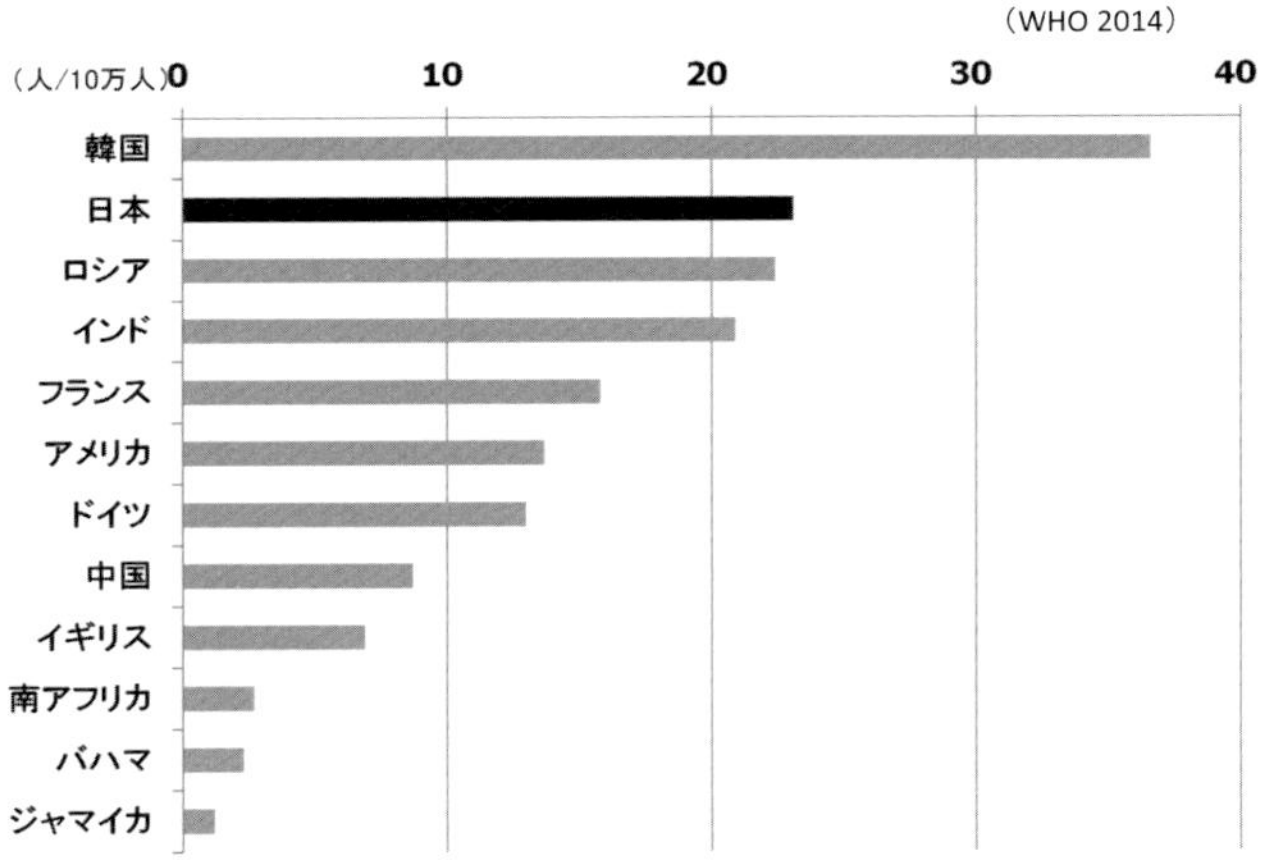

5月31日　光合成の生物が誕生（酸素の発生）
10月13日　多細胞生物が登場
11月23日　魚類の出現
12月1日　生物が海から陸へ上がった。植物、両生類の上陸。森林の誕生。
12月13日　恐竜登場
12月19日　鳥類出現
12月26日　恐竜絶滅、哺乳類の全盛期はじまる
12月31日　14時30分　人類誕生（５００万年前）
　　　　　23時49分　ホモ・サピエンス登場（10万年前）
　　　　　23時59分　農耕を始めた（1万年前）
　　　　　23時59分59秒　産業革命（２００年前）
　　　　　絶滅まであと何秒？

私たち現代人（ホモ・サピエンス）が現れたのは、わずか11分前。
「農耕」という不自然へ第一歩を踏み出したのは、わずか1分前。

「産業革命」という不自然の二歩目を踏み出したのは、わずか1秒前。

この最後の1秒で人間は、人口爆発、地球温暖化、オゾン層破壊、森林破壊、世界大戦、核兵器、原発、化学汚染、公害など多くの「致命的な問題」を引き起こしてしまった。このまま進めば破局は避けられない。自業自得だろう。

それを避けるには、「多くの問題」をすべて解決しなければならない。

しかも、一つひとつ解決していくことは不可能だ。なぜなら「多くの問題」は互いにつながっていて個別に解決できないのだ。同じ根本原因から生まれた問題だから、解決には根本原因を解決しなければならないのだ。

それなのに、各国の取り組みも、日本政府の取り組みも、根本問題の解決ではなく、個々に小手先の対策を打っているに過ぎない。

それはかえって問題を大きくしているだけだ。

●マインドセット

「マインドでセットを変えなければ、問題は解決できない」

これはアインシュタインの名言である。

どういう意味かといえば、

「フロンが駄目なら代替フロン」「ガソリン車が駄目なら電気自動車」「原発が駄目なら核融合」「農薬が駄目なら遺伝子操作」「麻薬が駄目なら脱法ハーブ」など、手を替え品を替えはするが、問題は解決しないということを指摘しているのだ。

マインドセットというのは、価値観、根本的な考え方という意味だ。

この社会のマインドセットは「経済成長」、企業のマインドセットは「金もうけ」、個人のマインドセットは「便利快適」。

そこが変わらない限り、問題は解決しないのだ。

自然界の生物のマインドセットは「調和、共生、永続」。

自然界に暮らす人間のマインドセットも「調和、共生、永続」。

おそらくそれはＤＮＡに刻まれているのだろう。

なのに、なぜ私たちは、それとはかけ離れたマインドセットをもってしまったのか。

それは現在の社会の仕組み、特に教育やしつけでインプットされたのだ。

私たちは生まれたときから、親から、周りから、「誰かと比較」され、「みんなと競争」させられる。幼稚園でも学校でも社会でもずっと比較と競争が続く。

その競争は結局「お金」につながっているのだ。

その「金もうけ」というマインドセットから資本主義が生まれ、戦争が生まれ、環境破壊が起こったのだ。そのマインドセットが変わらない限り問題は解決しない。

「すべての生命は、一枚の織物である。

これを編んだのは我々ではなく、我々も一本の織糸に過ぎない。

我々は今、自分の手でぼろぼろにしてしまった織物を前にして途方にくれている。

我々が行なったことは、やがて我々自身に降りかかってくるだろう」

（１８５４年　シアトル酋長がアメリカ大統領に宛てた手紙　より）

あとがき

宇宙船地球号のいまがよくわかったと思う。

私たち人間は乗組員の一員なのに、ルールを守らず、他の先輩たちを押しのけ、我が物顔に迷惑な生活や活動を続けている。

私たち人間が日々のマネーゲームに興じ、便利快適な生活を追求してきたことが、この現実を生んだのだ。この現実は否定もできないし、逃げ出すこともできない。

このままではダメだ、破局が避けられないこともわかったと思う。

この本を読まれてショックを感じ、絶望するのは無理もないが、それだけなら意味がない。そのためにこの本を書いたのではないのだから。

この本を書いた目的は「まえがき」で書いたとおり、

「過去の選択が現在を実現したように、今からの選択が未来を実現するのだ。

明るい未来の実現のために、まずは現実を知ることから始めよう。」

ということなのだ。

私はいま、この続編として『宇宙船地球号のゆくえ』（仮題）を書いている。

その本を読んでいただきたいが、その前に、次のことをお願いしたい。

この内容でわからないことがあれば、ぜひご自分で調べていただきたい。

今はパソコンで検索すると何でもすぐに見つかる。

次に「その根本原因は何か」と自問していただきたい。

必ず答えが見つかるはず。

同時に「どうすればいいか」の答えも見つかるだろう。

明るい未来に向けて、あきらめず、ごまかさず、勇気をもって進んでほしい。

明るい未来を願っている仲間はたくさんいる。

私たちはここまで歩いてきたし、これからも歩いていく。

あなたも共に歩いてほしい。

一生を描いた感動のYouTube動画「ウォーキングツアー」のように。

http://j.mp/walking_t

高木 善之（たかぎよしゆき）

大阪大学物理学科卒業、パナソニック在職中はフロン全廃、割り箸撤廃、環境憲章策定、森林保全など環境行政を推進。ピアノ、声楽、合唱指揮など音楽分野でも活躍。

1991年　環境と平和の国際団体『地球村』を設立。リオ地球サミット、欧州環境会議、沖縄サミット、ヨハネスブルグ環境サミットなどに参加。

著書は、『地球村とは』『幸せな生き方』『平和のつくり方』『軍隊を廃止した国 コスタリカ』『すてきな対話法 MM』『びっくり！　よくわかる日本の選挙』『キューバの奇跡』『大震災と原発事故の真相』『ありがとう』『オーケストラ指揮法』『非対立の生きかた』など多数。

『地球村』公式サイト
（高木善之ブログ・講演会スケジュール・受付など）
http://www.chikyumura.org/

『地球村』通販サイト EcoShop
http://www.chikyumura.or.jp

お問合せ先：『地球村』出版（ネットワーク『地球村』事務局内）
〒530-0027 大阪市北区堂山町 1-5-301
tel:06-6311-0326　fax:06-6311-0321
http://www.chikyumura.org
Email:office@chikyumura.org

宇宙船地球号はいま

2014 年 11 月 1 日　初版第 1 刷発行

著　者　高木善之

発行人　高木善之

発行所　NPO 法人ネットワーク『地球村』

〒 530-0027

大阪市北区堂山町 1-5-301

TEL 06-6311-0326　FAX 06-6311-0321

印刷·製本　株式会社リーブル

ISBN978-4-902306-54-5 C0095